班组安全行丛书

接尘作业安全知识

杨 勇 主编

中国劳动社会保障出版社

图书在版编目(CIP)数据

接尘作业安全知识/杨勇主编. -- 北京：中国劳动社会保障出版社，2017

（班组安全行丛书）

ISBN 978-7-5167-3309-7

Ⅰ.①接… Ⅱ.①杨… Ⅲ.①除尘-基本知识 Ⅳ.①X513

中国版本图书馆 CIP 数据核字(2017)第 305523 号

中国劳动社会保障出版社出版发行

（北京市惠新东街 1 号 邮政编码：100029）

*

三河市华骏印务包装有限公司印刷装订 新华书店经销

880 毫米×1230 毫米 32 开本 5.75 印张 130 千字

2018 年 1 月第 1 版 2018 年 1 月第 1 次印刷

定价：18.00 元

读者服务部电话：(010) 64929211/84209103/84626437

营销部电话：(010) 84414641

出版社网址：http://www.class.com.cn

内容简介

　　本书围绕各类行业企业接尘作业从业人员应具备的基本职业危害防治知识编写，主要包括职业病基础知识、生产性粉尘及其危害、工业通风除尘技术、除尘装置、综合防尘技术以及劳动防护用品及其使用等内容，涵盖了职业病防治基础，粉尘的概念、分类以及特性，粉尘来源，工业防尘的常用手段，工业通风基础知识以及个体劳动防护用品的管理与使用等接尘工作环境下的常用安全知识。

　　本书可供各生产经营单位安全管理人员、一般从业人员用于职业危害防治宣传教育培训。

前言

　　班组是企业最基本的生产组织，是实际完成各项生产工作的部门，始终处于安全生产的第一线。班组的安全生产状况，对于维持企业正常生产秩序，提高企业效益，确保职工安全健康和企业可持续发展具有重要意义。据统计，在企业的伤亡事故中，绝大多数属于责任事故，而这些责任事故90％以上又发生在班组。因此可以说，班组平安则企业平安；班组不安则企业难安。由此可见，班组的安全生产教育直接关系到企业整体的生产状况乃至企业发展的安危。

　　为适应各类企业班组安全生产教育培训的需要，中国劳动社会保障出版社特组织编写了"班组安全行丛书"。该丛书出版以来，受到广大读者朋友的喜爱，成为他们学习安全生产知识、提高安全技能的得力工具。近年来，很多法律法规、技术标准、生产技术都有了较大变化，不少读者通过各种渠道进行意见反馈，强烈要求对这套丛书进行改版。为了满足广大读者的愿望，我社决定对该丛书进行改版。改版后的丛书包括以下品种：

　　《安全生产基础知识（第二版）》《职业卫生知识（第二版）》《应急救护知识（第二版）》《个人防护知识（第二版）》《劳动权益与工伤保险知识（第三版）》《消防安全知识（第三版）》《电气安全知识（第二版）》《焊接安全知识（第二版）》《高处作业安全知识》《带电作业安全知识》《有限空间作业安全知识》《接尘作业安全知识》，共计12

分册。

　　该丛书主要有以下特点：一是具有权威性。丛书作者均为全国各行业长期从事安全生产、劳动保护工作的专家，既熟悉安全管理和技术，又了解企业生产一线的情况，因此，所写的内容准确、实用。二是针对性强。丛书在介绍安全生产基础知识的同时，以作业方向为模块进行分类，每分册只讲述与本作业方向相关的知识，因而内容更加具体，更有针对性，班组在不同时期可以选择不同作业方向的分册进行学习，或者，在同一时期选择不同分册进行组合形成一套适合作业班组使用的学习教材。三是通俗易懂。丛书以问答的形式组织内容，而且只讲述最常见的、最基本的知识和技术，不涉及深奥的理论知识，因而适合不同学历层次的读者阅读使用。

　　该丛书按作业内容编写，面向基层，面向大众，注重实用性，紧密联系实际，可作为企业班组安全生产教育的教材，也可供企业安全管理人员学习参考。

目录

第一部分　职业病预防基础·······························（ 1 ）

1. 什么是职业病? ····································（ 1 ）

2. 职业病一般具备哪些条件? ·······················（ 1 ）

3. 职业病有哪些特点? ·······························（ 2 ）

4. 我国法定职业病有哪些种类? ·····················（ 3 ）

5. 什么是职业病危害因素? ·························（ 5 ）

6. 职业病危害因素的来源有哪些? ···················（ 6 ）

7. 职业病危害因素有哪些分类? ·····················（ 6 ）

8. 职业病危害因素导致职业病与哪些条件有关? ·········（ 7 ）

9. 劳动者依法享有哪些职业卫生权利? ···············（ 8 ）

10. 什么是建设项目职业病防护设施"三同时"? ·······（ 9 ）

11. 用人单位应当对劳动者进行哪些职业卫生培训? ······（ 9 ）

12. 用人单位应当建立哪些职业病防治制度? ···········（ 10 ）

13. 什么是职业病危害项目申报? ·····················（ 11 ）

14. 职业病危害项目申报应当提交哪些材料? ···········（ 11 ）

15. 什么是职业健康监护? ···························（ 12 ）

16. 什么是职业禁忌证? ……………………………………（12）

17. 职业健康监护的目的是什么? ………………………（12）

18. 哪些作业人员需要依法进行职业健康监护? ………（13）

19. 职业健康检查有哪几种? ……………………………（14）

20. 职业健康监护档案包括哪些内容? …………………（15）

21. 用人单位有哪些职业健康监护法律责任? …………（16）

22. 劳动者有哪些职业健康监护权利和义务? …………（17）

23. 劳动者应当如何申请职业病诊断? …………………（18）

24. 职业病诊断证明书有哪些主要内容? ………………（18）

25. 劳动者应当如何申请职业病鉴定? …………………（19）

26. 职业病鉴定书有哪些主要内容? ……………………（19）

27. 劳动者依法享受哪些职业病救治权利? ……………（20）

第二部分　生产性粉尘及其危害 ………………………（21）

28. 什么是生产性粉尘? …………………………………（21）

29. 生产性粉尘主要来源于哪里? ………………………（21）

30. 粉尘如何分类? ………………………………………（22）

31. 如何定义粉尘的密度? ………………………………（23）

32. 如何定义粉尘的浓度? ………………………………（23）

33. 如何定义粉尘的分散度? ……………………………（24）

34. 什么是粉尘的凝聚与附着性? ………………………（24）

35. 什么是粉尘的悬浮性? ………………………………（25）

36. 粉尘扩散的原因有哪些? ……………………………（25）

37. 粉尘在水平气流中如何传播? ………………………（26）

38. 什么是粉尘的润湿性？ …………………………… （26）

39. 什么是粉尘的荷电性与导电性？ ………………… （27）

40. 什么是粉尘的自燃性和爆炸性？ ………………… （27）

41. 什么是粉尘的磨损性？ …………………………… （28）

42. 粉尘有哪些光学特性？ …………………………… （28）

43. 粉尘的危害性主要体现在哪些方面？ …………… （28）

44. 粉尘如何进入并危害人体？ ……………………… （29）

45. 什么叫尘肺？ ……………………………………… （30）

46. 尘肺如何分类？ …………………………………… （30）

47. 尘肺发病症状如何？ ……………………………… （32）

48. 医学上诊断尘肺的方法有哪些？ ………………… （32）

49. 尘肺医学诊断标准有哪些？ ……………………… （33）

50. 尘肺患者容易出现哪些并发症？ ………………… （34）

51. 影响尘肺的发病因素有哪些？ …………………… （34）

52. 爆炸性粉尘如何分类？ …………………………… （35）

53. 粉尘爆炸需要哪些条件？ ………………………… （36）

54. 粉尘爆炸是什么样的一个过程？ ………………… （36）

55. 粉尘爆炸与气体爆炸相比有哪些特性？ ………… （37）

56. 影响粉尘爆炸的主要因素有哪些？ ……………… （38）

57. 什么是生产性毒物？ ……………………………… （39）

58. 生产性毒物的来源有哪些？ ……………………… （40）

59. 生产性毒物有哪些存在形态？ …………………… （40）

60. 生产性毒物进入人体有哪些途径？ ……………… （41）

61. 生产性毒物对人体有哪些主要危害？ …………… （41）

62. 什么是职业中毒？ ·· （42）

63. 职业中毒可分为哪几类？ ····································· （42）

64. 职业中毒有哪些表现形式？ ································· （43）

65. 什么是电离辐射的内照射伤害？ ························ （44）

66. 电离辐射的内照射有什么危害？ ························ （44）

67. 如何防范电离辐射的内照射危害？ ···················· （45）

68. 什么是作业场所的生物性危害因素？ ················· （46）

69. 哪些作业容易接触生物性危害因素附着的尘粒？ ····· （46）

70. 作业场所常见的致病微生物有哪些？ ················· （47）

71. 如何预防作业场所生物性危害因素的危害？ ·········· （48）

72. 什么是金属烟热？ ·· （48）

73. 哪些作业人员易患金属烟热？ ··························· （49）

74. 如何预防金属烟热？ ··· （49）

75. 为什么要监测作业场所粉尘浓度？ ···················· （50）

76. 作业场所粉尘监测有哪几种？ ··························· （50）

77. 如何选择作业场所粉尘监测采样点？ ················· （51）

第三部分　工业通风除尘技术 ································· （52）

78. 什么是工业通风？ ·· （52）

79. 工业通风有哪些重要作用？ ······························ （52）

80. 工业通风按照作用范围可分为哪几种？ ·············· （52）

81. 工业通风按照其动力可分为哪几种？ ················· （53）

82. 工业通风按照其机械设备可分为哪几种？ ··········· （55）

83. 用于通风的机械设备如何分类？ ························ （56）

IV

84. 离心式通风机工作原理是怎样的？ ⋯⋯⋯⋯⋯⋯⋯（58）

85. 轴流式机械通风机工作原理是怎样的？ ⋯⋯⋯⋯⋯（59）

86. 什么是通风机的工况点？ ⋯⋯⋯⋯⋯⋯⋯⋯⋯⋯⋯（61）

87. 集气罩可分为哪几类？ ⋯⋯⋯⋯⋯⋯⋯⋯⋯⋯⋯⋯（61）

88. 什么是全密闭罩？其工作原理是什么？ ⋯⋯⋯⋯⋯（61）

89. 全密闭罩分为哪几类？ ⋯⋯⋯⋯⋯⋯⋯⋯⋯⋯⋯⋯（62）

90. 什么是半密闭罩和柜式集气罩？其工作原理是什么？⋯（64）

91. 什么是外部集气罩？其工作原理是什么？ ⋯⋯⋯⋯（65）

92. 什么是接受式集气罩？其工作原理是什么？ ⋯⋯⋯（66）

93. 什么是吹吸式集气罩？其工作原理是什么？ ⋯⋯⋯（67）

94. 什么是风筒？如何分类？ ⋯⋯⋯⋯⋯⋯⋯⋯⋯⋯⋯（68）

95. 各类风筒如何连接？ ⋯⋯⋯⋯⋯⋯⋯⋯⋯⋯⋯⋯⋯（70）

96. 什么是管道通风阀门？如何分类？ ⋯⋯⋯⋯⋯⋯⋯（71）

97. 什么是送风器？常见送风器有哪几种？ ⋯⋯⋯⋯⋯（72）

98. 什么是地面全面通风设施？主要包括哪些组成部分？⋯（73）

99. 什么是地下通风构筑物？主要包括哪些组成部分？⋯（75）

100. 什么是风门？主要包括哪些组成部分？ ⋯⋯⋯⋯⋯（75）

101. 通风网络应遵循哪些物理定律？ ⋯⋯⋯⋯⋯⋯⋯⋯（77）

102. 通风网络主要有哪几种形式？各有何特点？ ⋯⋯⋯（77）

103. 地面建筑通风系统有哪些类型？ ⋯⋯⋯⋯⋯⋯⋯⋯（79）

104. 地面建筑通风系统选择原则及其注意事项有哪些？⋯（80）

105. 营运隧道通风系统类型有哪些？应如何选择？⋯⋯（82）

106. 地下巷道掘进工作面局部通风系统主要有哪几种？

　　各有何优缺点？⋯⋯⋯⋯⋯⋯⋯⋯⋯⋯⋯⋯⋯⋯⋯（86）

V

107. 矿井通风系统主要有哪几种？如何选择？ ⋯⋯⋯⋯（89）

108. 什么是均匀送风和置换通风？ ⋯⋯⋯⋯⋯⋯⋯⋯（92）

109. 通风系统中如何进行风量调节？ ⋯⋯⋯⋯⋯⋯⋯（93）

第四部分　除尘装置 ⋯⋯⋯⋯⋯⋯⋯⋯⋯⋯⋯⋯⋯⋯（96）

110. 除尘装置如何分类？ ⋯⋯⋯⋯⋯⋯⋯⋯⋯⋯⋯⋯（96）

111. 除尘装置有哪些性能指标？ ⋯⋯⋯⋯⋯⋯⋯⋯⋯（97）

112. 机械式除尘装置的类型和特点是什么？ ⋯⋯⋯⋯（98）

113. 重力除尘装置的工作原理是什么？如何分类？ ⋯⋯（98）

114. 惯性除尘装置的工作原理是什么？如何分类？ ⋯⋯（100）

115. 旋风除尘装置的工作原理是什么？如何分类？ ⋯⋯（101）

116. 什么是湿式除尘装置？ ⋯⋯⋯⋯⋯⋯⋯⋯⋯⋯（106）

117. 湿式除尘装置有哪些类型？ ⋯⋯⋯⋯⋯⋯⋯⋯⋯（106）

118. 湿式除尘装置如何脱水？ ⋯⋯⋯⋯⋯⋯⋯⋯⋯⋯（109）

119. 什么是电除尘装置？有哪些优势？ ⋯⋯⋯⋯⋯⋯（110）

120. 电除尘装置的工作原理是什么？ ⋯⋯⋯⋯⋯⋯⋯（111）

121. 电除尘装置如何分类？ ⋯⋯⋯⋯⋯⋯⋯⋯⋯⋯⋯（113）

122. 电除尘装置有哪些主要部件？ ⋯⋯⋯⋯⋯⋯⋯⋯（114）

123. 什么是过滤式除尘装置？如何分类？ ⋯⋯⋯⋯⋯（115）

124. 袋式除尘装置有哪些优缺点？ ⋯⋯⋯⋯⋯⋯⋯⋯（116）

125. 常用的袋式除尘装置滤料有哪几种？ ⋯⋯⋯⋯⋯（116）

126. 袋式除尘装置有哪些种类？ ⋯⋯⋯⋯⋯⋯⋯⋯⋯（117）

127. 什么是颗粒层除尘装置？有何优点？ ⋯⋯⋯⋯⋯（118）

128. 颗粒层除尘装置如何分类？ ⋯⋯⋯⋯⋯⋯⋯⋯⋯（118）

129. 什么是陶瓷微管过滤式除尘装置？有何优点？……… (119)

130. 陶瓷微管过滤式除尘装置的工作原理是什么？……… (120)

131. 选择除尘装置应注意哪些主要问题？……………… (120)

第五部分 综合防尘技术…………………………………… (123)

132. 工业企业作业场所粉尘防治标准主要有哪些？…… (123)

133. 如何通过选择合理的生产布局来减少粉尘危害？…… (123)

134. 铸造行业如何通过选择合理的生产工艺来减少粉尘
危害？……………………………………………… (124)

135. 陶瓷行业如何通过选择合理的生产工艺来减少粉尘
危害？……………………………………………… (125)

136. 矿山及隧道施工如何通过选择合理的生产工艺来减
少粉尘危害？……………………………………… (126)

137. 什么是物料预先润湿黏结？主要用于哪些行业？…… (127)

138. 破碎物质或粉料预先润湿有哪些操作要点？………… (127)

139. 什么是煤体预先润湿？其降尘作用与影响因素有
哪些？……………………………………………… (128)

140. 煤体预先润湿方式有哪几种？…………………… (129)

141. 什么是湿式作业？主要用于哪些行业？………… (130)

142. 石英砂作业环境如何进行湿式作业？…………… (130)

143. 石棉作业环境如何进行湿式作业？……………… (131)

144. 什么是水力清砂和磨液喷砂作业？……………… (131)

145. 什么是湿式钻孔？分为哪几类？………………… (131)

146. 什么是水封爆破与水炮泥？……………………… (132)

147. 什么是湿式喷射混凝土？……………………………（133）

148. 什么是喷雾降尘？主要有哪些优缺点？…………………（133）

149. 影响喷雾降尘效果的主要因素有哪些？………………（133）

150. 荷电喷雾降尘机理是什么？其主要用于哪些行业？……（135）

151. 水雾荷电的方法有哪些？………………………………（136）

152. 什么是磁水降尘？使用时应考虑哪些主要因素？……（136）

153. 什么是高压静电控尘？其基本原理是什么？…………（137）

154. 什么是化学降尘？主要方法有哪些？…………………（138）

155. 什么是润湿剂降尘？其降尘机理是什么？……………（138）

156. 什么是泡沫降尘？泡沫药剂主要成分有哪些？………（139）

157. 什么是化学抑尘剂保湿黏结粉尘？化学抑尘剂主要
有哪些类型？………………………………………（140）

158. 清除落尘的方法有哪些？………………………………（141）

第六部分　劳动防护用品及其使用…………………（144）

159. 什么是劳动防护用品？…………………………………（144）

160. 国家如何对劳动防护用品进行规范管理？……………（144）

161. 用人单位劳动防护用品管理的总体原则是什么？……（145）

162. 劳动防护用品是怎么分类的？…………………………（146）

163. 用人单位选用劳动防护用品的程序和依据是什么？……（148）

164. 接触粉尘及有毒、有害物质的劳动者应如何配备劳
动防护用品？………………………………………（149）

165. 接触高毒物的劳动者应如何配备劳动防护用品？……（151）

166. 用人单位应当如何采购劳动防护用品？………………（152）

167. 用人单位应当如何为劳动者发放、培训使用劳动防护用品? ……………………………………… (152)

168. 用人单位应当如何维护、更换和报废劳动防护用品? … (153)

169. 呼吸防护用品的分类和配备标准有哪些? …………… (154)

170. 什么是防尘口罩? ………………………………………… (156)

171. 防尘口罩有哪些分类? ………………………………… (157)

172. 煤矿防尘口罩配备是如何规定的? …………………… (158)

173. 如何正确选择和佩戴防尘口罩? ……………………… (159)

174. 防尘口罩的佩戴和保养注意事项有哪些? …………… (160)

175. 自吸过滤式防毒呼吸用品使用注意事项有哪些? …… (161)

176. 呼吸防护用品使用的一般原则有哪些? ……………… (162)

177. 低温环境下呼吸防护用品应如何使用? ……………… (163)

178. 过滤式呼吸防护用品过滤元件如何更换? …………… (163)

179. 供气式呼吸防护用品如何使用? ……………………… (164)

180. 呼吸防护用品如何检查与保养? ……………………… (165)

181. 呼吸防护用品如何进行清洗与消毒? ………………… (166)

182. 呼吸防护用品如何储存? ……………………………… (166)

183. 用人单位应当如何建立呼吸保护计划? ……………… (167)

184. 用人单位呼吸保护计划内容应当有哪些? …………… (167)

185. 用人单位呼吸保护培训内容应当有哪些? …………… (168)

职业病预防基础

1. 什么是职业病?

当职业性有害因素作用于人体的强度与时间超过一定限度时,人体不能代偿其所造成的功能性或器质性病变,从而出现相应的临床征兆,影响劳动能力,产生职业性相关疾病。《中华人民共和国职业病防治法》(以下简称《职业病防治法》)中对职业病的概念做出了明确的定义,职业病是指企业、事业单位和个体经济组织等用人单位的劳动者在职业活动中,因接触粉尘、放射性物质和其他有毒、有害因素而引起的疾病。职业病的病因指的是对从事职业活动的劳动者可能导致职业病的各种职业病危害因素。

职业病是一种人为的疾病。它的发生率与患病率的高低,直接反映疾病预防控制工作的水平。世界卫生组织对职业病的定义,除医学的含义外,还赋予立法意义,即由国家所规定的"法定职业病"。

2. 职业病一般具备哪些条件?

一般被列为国家法定职业病的必须具备以下四个条件:

(1)患者主体仅限于企业、事业单位和个体经济组织等用人单位的劳动者。

(2) 必须是在从事职业活动的过程中产生的。

(3) 必须是因接触粉尘、放射性物质和其他有毒、有害物质等职业病危害因素引起的。

(4) 必须列入国家规定的职业病范围。

3. 职业病有哪些特点?

(1) 职业病的病因是明确的,即由于劳动者在职业活动过程中长期受到来自化学的、物理的、生物的职业性危害因素的侵蚀,或长期受不良的作业方法、恶劣的作业条件的影响。这些因素及影响对职业病的起因,直接或间接地、个别或共同地发生作用。例如,法定尘肺(肺尘埃沉着病)是劳动者在职业活动中吸入相应的粉尘引起的。

(2) 疾病发生与劳动条件密切相关,职业病的发生与生产环境中有害因素的数量或强度、作用时间、劳动强度及个人防护等因素密切相关。例如,急性中毒多由短期内吸入大量毒物引起,慢性职业中毒则多由长期吸入较小量的毒物引起。

(3) 所接触的职业病危害因素大多是可以检测的,而且其浓度或强度需要达到一定的程度才能使劳动者致病,一般接触职业病危害因素的浓度或强度与病因有直接关系。

(4) 职业病不同于突发性事故或疾病,其病症要经过一个较长的逐渐形成期或潜伏期后才能显现,属于缓发性伤残。

(5) 职业病具有群体性发病特征,在接触同样有害因素的人群中,多是同时或先后出现一批相同病症的职业病患者,很少出现仅有个别人发病的情况。

(6) 职业病多表现为体内生理器官或生理功能的损伤,因而是只见"病症",不见"伤口"。

（7）大多数职业病如能早期诊断，及时治疗，妥善处理，预后较好。但有的职业病如尘肺、硅肺属于不可逆性损伤，很少有痊愈的可能，迄今所有治疗方法均无明显效果，只能对症处理，减缓进程，故发现越晚，疗效越差。

（8）除职业性传染病外，治疗个体无助于控制人群发病，必须有效"治疗"有害的工作环境。从病因上来说，职业病是完全可以预防的。发现病因，改善劳动条件，控制职业性有害因素，即可减少职业病的发生，故必须强调"预防为主"。

（9）在同一生产环境从事同一工种的劳动者中，人体发生职业性损伤的可能性和程度也有极大差别。

（10）职业病的范围日趋扩大。随着科学技术进步和国家经济实力的增强，越来越多的职业病将被发现。

4. 我国法定职业病有哪些种类？

根据国家卫生计生委、国家安全监管总局、人力资源和社会保障部与全国总工会 2013 年 12 月 23 日联合发布的《职业病分类和目录》（国卫疾控发〔2013〕48 号），职业病分为 10 类 132 种，具体分类如下：

（1）职业性尘肺病及其他呼吸系统疾病共 19 种。

1）尘肺病（13 种）：矽肺、煤工尘肺、石墨尘肺、碳黑尘肺、石棉肺、滑石尘肺、水泥尘肺、云母尘肺、陶工尘肺、铝尘肺、电焊工尘肺、铸工尘肺以及根据《尘肺病诊断标准》和《尘肺病理诊断标准》可以诊断的其他尘肺病。

2）其他呼吸系统疾病（6 种）：过敏性肺炎、棉尘病、哮喘、金属及其化合物粉尘肺沉着病（锡、铁、锑、钡及其化合物等）、刺激性化学物所致慢性阻塞性肺疾病和硬金属肺病。

（2）职业性皮肤病共 9 种，分别是接触性皮炎、光接触性皮炎、电光性皮炎、黑变病、痤疮、溃疡、化学性皮肤灼伤、白斑以及根据《职业性皮肤病的诊断总则》可以诊断的其他职业性皮肤病。

（3）职业性眼病共 3 种，分别是化学性眼部灼伤、电光性眼炎、白内障（含放射性白内障、三硝基甲苯白内障）。

（4）职业性耳鼻喉口腔疾病共 4 种，分别是噪声聋、铬鼻病、牙酸蚀病和爆震聋。

（5）职业性化学中毒共 60 种，分别是铅及其化合物中毒（不包括四乙基铅）、汞及其化合物中毒、锰及其化合物中毒、镉及其化合物中毒、铍病、铊及其化合物中毒、钡及其化合物中毒、钒及其化合物中毒、磷及其化合物中毒、砷及其化合物中毒、铀及其化合物中毒、砷化氢中毒、氯气中毒、二氧化硫中毒、光气中毒、氨中毒、偏二甲基肼中毒、氮氧化合物中毒、一氧化碳中毒、二硫化碳中毒、硫化氢中毒、磷化氢和磷化锌及磷化铝中毒、氟及其无机化合物中毒、氰及腈类化合物中毒、四乙基铅中毒、有机锡中毒、羰基镍中毒、苯中毒、甲苯中毒、二甲苯中毒、正己烷中毒、汽油中毒、一甲胺中毒、有机氟聚合物单体及其热裂解物中毒、二氯乙烷中毒、四氯化碳中毒、氯乙烯中毒、三氯乙烯中毒、氯丙烯中毒、氯丁二烯中毒、苯的氨基及硝基化合物（不包括三硝基甲苯）中毒、三硝基甲苯中毒、甲醇中毒、酚中毒、五氯酚（钠）中毒、甲醛中毒、硫酸二甲酯中毒、丙烯酰胺中毒、二甲基甲酰胺中毒、有机磷中毒、氨基甲酸酯类中毒、杀虫脒中毒、溴甲烷中毒、拟除虫菊酯类中毒、铟及其化合物中毒、溴丙烷中毒、碘甲烷中毒、氯乙酸中毒、环氧乙烷中毒以及上述未提及的与职业有害因素接触之间存在直接因果联系的其他化学中毒。

（6）物理因素所致职业病共 7 种，分别是中暑、减压病、高原病、航空病、手臂振动病、激光所致眼（角膜、晶状体、视网膜）损伤和冻伤。

（7）职业性放射性疾病共 11 种，分别是外照射急性放射病、外照射亚急性放射病、外照射慢性放射病、内照射放射病、放射性皮肤疾病、放射性肿瘤（含矿工高氡暴露所致肺癌）、放射性骨损伤、放射性甲状腺疾病、放射性性腺疾病、放射复合伤以及根据《职业性放射性疾病诊断标准（总则)》可以诊断的其他放射性损伤。

（8）职业性传染病共 5 种，分别是炭疽、森林脑炎、布鲁氏菌病、艾滋病（限于医疗卫生人员及人民警察）和莱姆病。

（9）职业性肿瘤共 11 种，分别是石棉所致肺癌、间皮瘤，联苯胺所致膀胱癌，苯所致白血病，氯甲醚、双氯甲醚所致肺癌，砷及其化合物所致肺癌、皮肤癌，氯乙烯所致肝血管肉瘤，焦炉逸散物所致肺癌，六价铬化合物所致肺癌，毛沸石所致肺癌、胸膜间皮瘤，煤焦油、煤焦油沥青、石油沥青所致皮肤癌和 β－萘胺所致膀胱癌。

（10）其他职业病共 3 种，分别是金属烟热，滑囊炎（限于井下工人)，股静脉血栓综合征、股动脉闭塞症或淋巴管闭塞症（限于刮研作业人员)。

5. 什么是职业病危害因素?

根据《职业病防治法》，职业病危害是指对从事职业活动的劳动者可能导致职业病的各种危害。职业病危害因素包括职业活动中存在的各种有害的化学、物理、生物因素以及在作业过程中产生的其他职业有害因素。

国家建立职业病危害项目申报制度。用人单位工作场所存在职业病目录所列职业病危害因素的，应当及时、如实向所在地安全生产监督管理部门申报危害项目，接受监督。

《职业病危害因素分类目录》由国务院卫生行政部门会同国务院安全生产监督管理部门制定、调整并公布。职业病危害项目申报的具体办法由国务院安全生产监督管理部门制定。

6. 职业病危害因素的来源有哪些?

职业病危害因素的来源主要有以下几种:

(1) 生产工艺过程。危害因素随着生产技术、机器设备、使用材料和工艺流程变化而变化，如与生产过程有关的原材料、工业毒物、粉尘、噪声、振动、高温、辐射及传染性因素等有关。

(2) 劳动过程。主要与生产工艺的劳动组织情况、生产设备布局、生产制度、作业人员体位和方式以及智能化的程度有关。

(3) 作业环境。作业场所的环境，如室外不良气象条件以及室内厂房狭小、车间位置不合理、照明不良与通风不畅等都会对作业人员产生影响。

7. 职业病危害因素有哪些分类?

2015 年，国家卫生计生委、国家安全监管总局、人力资源和社会保障部与全国总工会联合发布的《职业病危害因素分类目录》(国卫疾控发〔2015〕92 号) 将职业病危害因素分为 6 大类，包括:粉尘类 (矽尘等共 52 种)、化学因素类 (铅及其化合物等共 375 种)、物理因素类 (噪声等共 15 种)、放射因素类 (密封放射源产生的电离辐射等共 8 种)、生物因素类 (艾滋病病毒等共 6 种)、其他因素类 (金属烟、井下不良作业条件、刮研作业共 3 种)。

8. 职业病危害因素导致职业病与哪些条件有关?

职业病危害因素具有导致职业病发病的危险,但在个体受伤害程度上存在差异,职业病危害因素导致职业病的发病过程还取决于以下主要条件:

(1) 有害因素本身的性质。有害因素的理化性质和作用部位与职业病的发生密切相关。例如,电磁辐射透入组织的深度和危害性主要决定于其波长。毒物的理化性质及其对组织的亲和性与毒性作用有直接关系,例如,汽油和二硫化碳具有明显的脂溶性,对神经组织有密切的亲和作用,因此首先损害神经系统。一般物理因素常在接触时有作用,脱离接触后体内不存在残留。而化学因素在脱离接触后,作用还会持续一段时间或继续存在。

(2) 有害因素作用于人体的量。物理和化学因素对人的危害都与量有关(生物因素进入人体的量目前还无法准确估计),多大的量和浓度才能导致职业病的发生,是确诊的重要参考。我国公布的指导性国家标准《工作场所有害因素职业接触限值　第1部分:化学有害因素》(GBZ 2.1—2007)和《工作场所有害因素职业接触限值　第2部分:物理因素》(GBZ 2.2—2007)分别规定了化学有害因素和物理因素在工作场所的限量。但有些有害物质能在体内蓄积,少量和长期接触也可能引起职业性损害以致职业病发生。认真查询劳动者与某种因素的接触时间及接触方式,对职业病诊断具有重要价值。

(3) 劳动者个体易感性。人体对有害因素的防御能力是有差异的。人体停止接触某些物理因素后,被扰乱的生理功能可以逐步恢复。但是抵抗力和身体条件较差的人员对于进入体内的毒物,解毒和排毒功能较弱,更易受到损害。

7

(4) 职业病还具有以下一些特点：病因有特异性，比如接触含有游离二氧化硅粉尘的作业人员容易患硅肺病，脱离接触可减轻或恢复。接触噪声早期可引起听力下降，如连续不断接触可导致噪声性耳聋，及时脱离接触噪声环境则可以恢复。病因大多可以检测，一般有接触—反应（剂量—反应）关系，也就是接触的量与发生病变的严重程度相关。

9. 劳动者依法享有哪些职业卫生权利?

依据《职业病防治法》的规定，劳动者享有下列职业卫生保护权利：

（1）获得职业卫生教育、培训的权利。

（2）获得职业健康检查、职业病诊疗、康复等职业病防治服务的权利。

（3）了解工作场所产生或者可能产生的职业病危害因素、危害后果和应当采取的职业病防护措施的权利。

（4）要求用人单位提供符合防治职业病要求的职业病防护设施和个人使用的职业病防护用品，改善工作条件的权利。

（5）对违反职业病防治法律、法规以及危及生命健康的行为提出批评、检举和控告的权利。

（6）拒绝违章指挥和强令进行没有职业病防护措施作业的权利。

（7）参与用人单位职业卫生工作的民主管理，对职业病防治工作提出意见和建议的权利。

用人单位应当保障劳动者行使上述所列权利。因劳动者依法行使正当权利而降低其工资、福利等待遇或者解除、终止与其订立的劳动合同的，其行为无效。

10. 什么是建设项目职业病防护设施"三同时"?

建设项目职业病防护设施"三同时"是指建设项目职业病防护设施必须与主体工程同时设计、同时施工、同时投入生产和使用。建设单位应当优先采用有利于保护劳动者健康的新技术、新工艺、新设备和新材料,职业病防护设施所需费用应当纳入建设项目工程预算。

建设单位对可能产生职业病危害的建设项目,应当依照《建设项目职业病防护设施"三同时"监督管理办法》(2017年3月9日国家安全生产监督管理总局令第90号公布,自2017年5月1日起施行)进行职业病危害预评价、职业病防护设施设计、职业病危害控制效果评价及相应的评审,组织职业病防护设施验收,建立健全建设项目职业卫生管理制度与档案。建设项目职业病防护设施"三同时"工作可以与安全设施"三同时"工作一并进行。建设单位可以将建设项目职业病危害预评价和安全预评价、职业病防护设施设计和安全设施设计、职业病危害控制效果评价和安全验收评价合并出具报告或者设计,并对职业病防护设施与安全设施一并组织验收。

11. 用人单位应当对劳动者进行哪些职业卫生培训?

用人单位应当对劳动者进行上岗前的职业卫生培训和在岗期间的定期职业卫生培训,普及职业卫生知识,督促劳动者遵守职业病防治的法律、法规、规章、国家职业卫生标准和操作规程。

用人单位应当对职业病危害严重岗位的劳动者,进行专门的职业卫生培训,经培训合格后方可上岗作业。因变更工艺、技术、设备、材料,或者岗位调整导致劳动者接触的职业病危害因素发生变化的,用人单位应当重新对劳动者进行上岗前的职业卫生培训。

12. 用人单位应当建立哪些职业病防治制度？

存在职业病危害的用人单位应当制订职业病危害防治计划和实施方案，建立健全以下职业卫生管理制度和操作规程：职业病危害防治责任制度、职业病危害警示与告知制度、职业病危害项目申报制度、职业病防治宣传教育培训制度、职业病防护设施维护检修制度、职业病防护用品管理制度、职业病危害监测及评价管理制度、建设项目职业卫生"三同时"管理制度、劳动者职业健康监护及其档案管理制度、职业病危害事故处置与报告制度、职业病危害应急救援与管理制度、岗位职业卫生操作规程及法律、法规、规章规定的其他职业病防治制度。

产生职业病危害的用人单位，应当在醒目位置设置公告栏，公布有关职业病防治的规章制度、操作规程、职业病危害事故应急救援措施和工作场所职业病危害因素检测结果。

存在或者产生职业病危害的工作场所、作业岗位、设备、设施，应当按照指导性国家标准《工作场所职业病危害警示标识》（GBZ 158—2003）的规定，在醒目位置设置图形、警示线、警示语句等警示标识和中文警示说明。警示说明应当载明产生职业病危害的种类、后果、预防和应急处置措施等内容。

存在或产生高毒物品的作业岗位，应当按照指导性国家推荐标准《高毒物品作业岗位职业病危害告知规范》（GBZ/T 203—2007）的规定，在醒目位置设置高毒物品告知卡，告知卡应当载明高毒物品的名称、理化特性、健康危害、防护措施及应急处理等告知内容与警示标识。

任何单位和个人均有权向安全生产监督管理部门举报生产经营单

位违反规定的行为和职业病危害事故。

13. 什么是职业病危害项目申报?

存在或者产生职业病危害的生产经营单位（煤矿企业除外），应当按照国家有关法律、行政法规及其他相关规定，及时、如实申报职业病危害。煤矿企业作业场所职业病危害申报的管理，由国家煤矿安全监察局专门规定。

作业场所职业病危害，是指从业人员在从事职业活动中，由于接触粉尘、毒物等有害因素而对身体健康所造成的各种损害。

14. 职业病危害项目申报应当提交哪些材料?

生产经营单位申报职业危害时，应当提交作业场所职业危害申报表和下列有关资料：

（1）生产经营单位的基本情况。

（2）产生职业病危害因素的生产技术、工艺和材料的情况。

（3）作业场所职业病危害因素的种类、浓度和强度的情况。

（4）作业场所接触职业病危害因素的人数及分布情况。

（5）职业病危害防护设施及个人防护用品的配备情况。

（6）对接触职业病危害因素从业人员的管理情况。

（7）法律、法规和规章规定的其他资料。

作业场所职业病危害申报采取电子和纸质文本两种方式。生产经营单位通过"作业场所职业危害申报与备案管理系统"进行电子数据申报，同时将作业场所职业危害申报表加盖公章并由生产经营单位主要负责人签字后，按照规定，连同有关资料一并上报所在地相应的安全生产监督管理部门。

15. 什么是职业健康监护?

职业健康监护是近些年来在职业卫生领域新开展的一项工作,属于二级预防范畴,目的是通过早期检验、早期发现疾病,及时采取预防措施。

根据指导性国家标准《职业健康监护技术规范》(GBZ 188—2014),职业健康监护是以预防为目的,根据劳动者的职业接触史,通过定期或不定期的医学健康检查和健康相关资料的收集,连续性地监测劳动者的健康状况,分析劳动者健康变化与所接触的职业病危害因素的关系,并及时地将健康检查和资料分析结果报告给用人单位和劳动者本人,以便及时采取干预措施,保护劳动者健康。

职业健康监护主要包括职业健康检查和职业健康监护档案管理等内容。职业健康检查包括上岗前、在岗期间、离岗时检查和离岗后医学随访以及应急健康检查。

16. 什么是职业禁忌证?

职业禁忌证是指劳动者从事特定职业或者接触特定职业病危害因素时,比一般职业人群更易于遭受职业病危害和罹患职业病或者可能导致原有自身疾病病情加重,或者在作业过程中诱发可能导致对他人生命健康构成危险疾病的个人特殊生理或病理状态。

17. 职业健康监护的目的是什么?

进行职业健康监护,主要有以下目的:

(1)早期发现职业病、职业健康损害和职业禁忌证。

(2)跟踪观察职业病及职业健康损害的发生、发展规律及分布情况。

（3）评价职业健康损害与作业环境中职业病危害因素的关系及危害程度。

（4）识别新的职业病危害因素和高危人群。

（5）进行目标干预，包括改善作业环境条件，改革生产工艺，采用有效的防护设施和个人防护用品，对职业病患者及疑似职业病和有职业禁忌人员的处理与安置等。

（6）评价预防和干预措施的效果。

（7）为制定或修订卫生政策和职业病防治对策服务。

18. 哪些作业人员需要依法进行职业健康监护？

（1）接触需要开展强制性健康监护的职业病危害因素的人群，都应接受职业健康监护。

（2）在岗期间定期健康检查为推荐性的职业病危害因素，原则上可根据用人单位的安排接受健康监护。

（3）虽不是直接从事接触需要开展职业健康监护的职业病危害因素作业，但在工作中受到与直接接触人员同样的或几乎同样的接触，应视同职业性接触，需和直接接触人员一样接受健康监护。

（4）根据不同职业病危害因素暴露和发病的特点及剂量—效应关系，主要根据工作场所有害因素的浓度或强度以及个体累计暴露的时间长短和工种，确定需要开展健康监护的人群，可参考指导性国家推荐标准《工作场所职业病危害作业分级　第 1 部分：生产性粉尘》（GBZ/T 229.1—2010）、《工作场所职业病危害作业分级　第 2 部分：化学物》（GBZ/T 229.2—2010）、《工作场所职业病危害作业分级　第 3 部分：高温》（GBZ/T 229.3—2010）、《工作场所职业病危害作业分

级　第 4 部分：噪声》（GBZ/T 229.4—2010）等标准。

（5）离岗后健康检查的时间，主要根据有害因素致病的流行病学及临床特点、劳动者从事该作业的时间长短、工作场所有害因素的浓度等因素综合考虑确定。

19. 职业健康检查有哪几种?

（1）上岗前职业健康检查。上岗前健康检查的主要目的是发现有无职业禁忌证，建立接触职业病危害因素人员的基础健康档案。上岗前健康检查均为强制性职业健康检查，应在开始从事有害作业前完成。应进行上岗前健康检查的人员包括：

1）拟从事接触职业病危害因素作业的新录用人员，包括转岗到该种作业岗位的人员。

2）拟从事有特殊健康要求作业的人员，如高处作业、电工作业、职业机动车驾驶作业等。

（2）在岗期间职业健康检查。长期从事规定的需要开展健康监护的职业病危害因素作业的劳动者，应进行在岗期间的定期健康检查。定期健康检查的目的主要是早期发现职业病病人或疑似职业病病人或劳动者的其他健康异常改变，及时发现有职业禁忌证的劳动者。通过动态观察劳动者群体健康变化，评价工作场所职业病危害因素的控制效果。定期健康检查的周期根据不同职业病危害因素的性质、工作场所有害因素的浓度或强度、目标疾病的潜伏期和防护措施等因素决定。

（3）离岗时职业健康检查。劳动者在准备调离或脱离所从事的存在职业病危害因素的作业或岗位前，应进行离岗时健康检查，主要目的是确定其在停止接触职业病危害因素时的健康状况。

如最后一次在岗期间的健康检查是在离岗前的 90 日内，可视为离岗时检查。

（4）离岗后健康检查。

1）如接触的职业病危害因素具有慢性健康影响，或发病有较长的潜伏期，在脱离接触后仍有可能发生职业病，需进行医学随访检查。

2）尘肺病患者在离岗后需进行医学随访检查。

3）随访时间的长短应根据有害因素致病的流行病学及临床特点、劳动者从事该作业的时间长短、工作场所有害因素的浓度等因素综合考虑确定。

（5）应急检查。

1）当发生急性职业病危害事故时，对遭受或者可能遭受急性职业病危害的劳动者，应及时组织健康检查。依据检查结果和现场劳动卫生学调查，确定危害因素，为急救和治疗提供依据，控制职业病危害的继续蔓延和发展。应急健康检查应在事故发生后立即开始。

2）从事可能产生职业性传染病作业的劳动者，在疫情流行期或近期密切接触传染源者，应及时开展应急健康检查，随时监测疫情动态。

20. 职业健康监护档案包括哪些内容?

建立职业健康监护档案是《职业病防治法》为用人单位规定的一项义务，用人单位必须采取必要的措施，建立并妥善保管好本单位劳动者的职业健康监护档案。档案的资料主要来源于职业健康检查机构。档案的内容主要包括劳动者病史、职业病危害接触史、职业健康检查结果和职业病诊断等，有关劳动者的个人资料也可一并纳入职业健康监护档案中。

（1）劳动者职业健康监护档案包括以下内容：

1) 劳动者职业史、既往史和职业病危害接触史。

2) 职业健康检查结果及处理情况。

3) 职业病诊疗等健康资料。

（2）用人单位职业健康监护档案包括以下内容：

1) 用人单位职业卫生管理组织组成、职责。

2) 职业健康监护制度和年度职业健康监护计划。

3) 历次职业健康检查的文书，包括委托协议书、职业健康检查机构的健康检查总结报告和评价报告。

4) 工作场所职业病危害因素监测结果。

5) 职业病诊断证明书和职业病报告卡。

6) 用人单位对职业病患者、职业禁忌证者和已出现职业相关健康损害劳动者的处理和安置记录。

7) 用人单位在职业健康监护中提供的其他资料和职业健康检查机构记录整理的相关资料。

8) 卫生行政部门要求的其他资料。

21. 用人单位有哪些职业健康监护法律责任？

（1）对从事接触职业病危害因素作业的劳动者进行职业健康监护是用人单位的职责。

用人单位应根据国家有关法律、法规，结合生产劳动中存在的职业病危害因素，建立职业健康监护制度，保证劳动者能够得到与其所接触的职业病危害因素相适应的健康监护。

（2）用人单位要建立职业健康监护档案，由专人负责管理，并按照规定的期限妥善保存，要确保医学资料的机密性，维护劳动者的职业健康隐私权、保密权。

（3）用人单位应保证从事职业病危害因素作业的劳动者能按时参加安排的职业健康检查，劳动者接受健康检查的时间应视为正常出勤。

（4）用人单位应安排即将从事接触职业病危害因素作业的劳动者进行上岗前的健康检查，但应保证其就业机会的公正性。

（5）用人单位应根据企业文化理念和企业经营情况，鼓励遵守《职业病防治法》《用人单位职业健康监护监督管理办法》《职业健康监护技术规范》的规定，制定更高的健康监护实施细则，以促进企业可持续发展，特别是人力资源的可持续发展。

22. 劳动者有哪些职业健康监护权利和义务？

（1）从事接触职业病危害因素作业的劳动者有获得职业健康检查的权利，并有权了解本人健康检查结果。

（2）劳动者有权了解所从事的工作对他们的健康可能产生的影响和危害。劳动者或其代表有权参与用人单位建立职业健康监护制度和制定健康监护实施细则的决策过程。劳动者代表和工会组织也应与职业卫生专业人员合作，为预防职业病、促进劳动者健康发挥应有的作用。

（3）劳动者应学习和了解相关的职业卫生知识和职业病防治法律、法规，掌握作业操作规程，正确使用、维护职业病防护设备和个人使用的防护用品，发现职业病危害事故隐患应及时报告。

（4）劳动者应参加规定的由用人单位安排的职业健康检查，在其实施过程中与职业卫生专业人员和用人单位合作。如果该健康检查项目不是国家法律法规制定的强制进行的项目，劳动者参加应本着自愿的原则。

（5）劳动者有权对用人单位违反职业健康监护有关规定的行为进行投诉。

（6）劳动者若不同意职业健康检查的结论，有权根据有关规定投诉。

23. 劳动者应当如何申请职业病诊断?

根据《职业病诊断与鉴定管理办法》（卫生部令第 91 号），劳动者可以选择用人单位所在地、本人户籍所在地或者经常居住地的职业病诊断机构进行职业病诊断。职业病诊断机构应当按照《职业病防治法》《职业病诊断与鉴定管理办法》的有关规定和国家职业病诊断标准，依据劳动者的职业史、职业病危害接触史和工作场所职业病危害因素情况、临床表现以及辅助检查结果等，进行综合分析，做出诊断结论。

劳动者可以选择向用人单位所在地、本人户籍所在地或者经常居住地的职业病诊断机构提出职业病诊断申请。职业病诊断需要准备以下材料：

（1）劳动者职业史和职业病危害接触史（包括在岗时间、工种、岗位、接触的职业病危害因素名称等）。

（2）劳动者职业健康检查结果。

（3）工作场所职业病危害因素检测结果。

（4）职业性放射性疾病诊断还需要个人剂量监测档案等资料。

（5）与诊断有关的其他资料。

24. 职业病诊断证明书有哪些主要内容?

职业病诊断机构做出职业病诊断结论后，应当出具职业病诊断证明书。职业病诊断证明书应当包括以下内容：

（1）劳动者、用人单位基本信息。

（2）诊断结论。确诊为职业病的，应当载明职业病的名称、程度

（期别）、处理意见。

（3）诊断时间。职业病诊断证明书应当由参加诊断的医师共同签署，并经职业病诊断机构审核盖章。

25. 劳动者应当如何申请职业病鉴定?

劳动者对职业病诊断机构做出的职业病诊断结论有异议的，可以在接到职业病诊断证明书之日起 30 日内，向职业病诊断机构所在地设区的市级卫生行政部门申请鉴定。设区的市级职业病诊断鉴定委员会负责职业病诊断争议的首次鉴定。

当事人对设区的市级职业病鉴定结论不服的，可以在接到鉴定书之日起 15 日内，向原鉴定组织所在地省级卫生行政部门申请再次鉴定。职业病鉴定实行两级鉴定制，省级职业病鉴定结论为最终鉴定。

当事人申请鉴定时应提供的材料如下：

（1）职业病鉴定申请书。

（2）职业病诊断证明书，申请省级鉴定的还应当提交市级职业病鉴定书。

（3）卫生行政部门要求提供的其他有关资料。

职业病鉴定办事机构应当自收到申请资料之日起 5 个工作日内完成资料审核，对资料齐全的发给受理通知书；资料不全的，应当书面通知当事人补充。资料补充齐全的，应当受理申请并组织鉴定。

26. 职业病鉴定书有哪些主要内容?

职业病鉴定书应当包括以下内容。

（1）劳动者、用人单位的基本信息及鉴定事由。

（2）鉴定结论及其依据，如果为职业病，应当注明职业病名称、程度（期别）。

（3）鉴定时间。

鉴定书加盖职业病诊断鉴定委员会印章。

首次鉴定的职业病鉴定书一式四份，劳动者、用人单位、原诊断机构各一份，职业病鉴定办事机构存档一份。再次鉴定的职业病鉴定书一式五份，劳动者、用人单位、原诊断机构、首次职业病鉴定办事机构各一份，再次职业病鉴定办事机构存档一份。

职业病鉴定书的格式由卫生计生委统一规定。

27. 劳动者依法享受哪些职业病救治权利？

《职业病防治法》对职业病患者的医疗救治有以下规定：

（1）医疗卫生机构发现疑似职业病病人时，应当告知劳动者本人并及时通知用人单位。用人单位应当及时安排对疑似职业病病人进行诊断。在疑似职业病病人诊断或者医学观察期间，不得解除或者终止与其订立的劳动合同。疑似职业病病人在诊断、医学观察期间的费用，由用人单位承担。

（2）用人单位应当保障职业病病人依法享受国家规定的职业病待遇。用人单位应当按照国家有关规定，安排职业病病人进行治疗、康复和定期检查。用人单位对不适宜继续从事原工作的职业病病人，应当调离原岗位，并妥善安置。用人单位对从事接触职业病危害作业的劳动者，应当给予适当岗位津贴。

（3）职业病病人的诊疗、康复费用，伤残以及丧失劳动能力的职业病病人的社会保障，按照国家有关工伤保险的规定执行。

（4）劳动者被诊断患有职业病，但用人单位没有依法参加工伤保险的，其医疗和生活保障由该用人单位承担。

生产性粉尘及其危害

28. 什么是生产性粉尘?

粉尘是指直径很小的固体颗粒,可以是自然环境中天然生成,也可以是生产或生活中由于人为因素生成。生产性粉尘是指在生产过程中形成的,并能长时间飘浮在空气中的固体颗粒,其粒径多为 0.1～10 微米。

生产性粉尘不仅污染环境,还影响作业人员的身心健康。根据粉尘的不同特性,粉尘对人的机体可引起多种损害,其中以呼吸系统损害最为明显,包括上呼吸道炎症、肺炎(如锰尘)、肺肉芽肿、肺癌(如石棉尘、砷尘)、尘肺以及其他职业性肺部疾病等。

29. 生产性粉尘主要来源于哪里?

生产性粉尘的来源十分广泛。如矿山开采、隧道开凿、建筑、运输等,冶金工业中的原料准备、矿石粉碎、筛分、选矿、配料等,机械制造工业中原料破碎、配料、清砂等,耐火材料、玻璃、水泥、陶瓷等工业的原料加工、打磨、包装,皮毛、纺织工业的原料处理,化学工业中固体颗粒原料的加工处理、包装等过程。由于工艺的需要和防尘措施的不完善,上述生产过程均可产生大量粉尘,造成生产环境中粉尘浓度过高。

生产性粉尘的来源决定了不同行业接触粉尘的机会不同。在各种不同生产场所，可以接触到不同性质的粉尘。如在采矿、开山采石、建筑施工、铸造、耐火材料及陶瓷等行业，主要接触的粉尘是石英的混合粉尘。石棉开采、加工制造石棉制品时接触的主要是石棉或含石棉的混合粉尘。焊接、金属加工及冶炼时接触金属及其化合物粉尘。农业、粮食加工、制糖工业、动物管理及纺织工业等，以接触植物或动物性有机粉尘为主。

以下相关内容中，除特殊注明，直接将生产性粉尘简称为粉尘。

30. 粉尘如何分类？

粉尘可以根据许多特征进行分类。对于与通风除尘有关的一些常用分类方法，粉尘主要分为以下几种：

（1）按粉尘的成分可分为无机粉尘、有机粉尘和混合性粉尘。无机粉尘包括矿物性粉尘（如石英尘、滑石粉尘、煤尘等）、金属粉尘（如铁尘、锡尘、铝尘等）和人工无机性粉尘（如金刚砂尘、水泥尘、耐火材料尘等）。有机粉尘包括动物性粉尘（如皮革尘、骨质尘等）、植物性粉尘（如棉尘、亚麻尘、谷物尘等）和人工有机粉尘（如塑料粉末尘、合成纤维尘、有机玻璃尘等）。混合性粉尘是指包括数种粉尘的混合物，大气中的粉尘通常都是混合性粉尘。

（2）按粉尘的颗粒大小可分为可见粉尘、显微粉尘和超显微粉尘。可见粉尘是指粒径大于 10 微米、用眼睛可以分辨的粉尘。显微粉尘是指粒径为 0.25～10 微米、在普通显微镜下可以分辨的粉尘。超显微粉尘是指粒径小于 0.25 微米、在超倍显微镜或电子显微镜下才可以分辨的粉尘。工程技术中有时用到"超微米粉尘（亚微米粉尘)"的名词，指的是粒径在 1 微米以下的粉尘。

（3）从卫生学角度可分为全尘和呼吸性粉尘。全尘是指悬浮于空气中的全部粉尘，也称总粉尘。呼吸性粉尘是指由于呼吸作用进入人体肺泡并沉积在肺泡内的粉尘，其颗粒直径一般小于 5 微米。

（4）按有无爆炸性可分为爆炸性粉尘和无爆炸性粉尘。爆炸性粉尘是指经过粉尘爆炸性鉴定，确定本身能发生爆炸和传播爆炸的粉尘，如煤尘、硫黄粉尘。无爆炸性粉尘是指经过粉尘爆炸性鉴定，确定不能发生爆炸和传播爆炸的粉尘，如石灰石粉尘、水泥粉尘。

（5）按粉尘的存在状态可分为浮尘和落尘。浮尘是指悬浮在空气中的粉尘，也称飘尘。落尘是指沉积在器物表面、地面及有限空间四周的粉尘，也称积尘。浮尘和落尘在不同的条件下可相互转化。

23

31. 如何定义粉尘的密度?

粉尘密度有真密度和假密度之分，单位为千克/米^{3}或克/厘米^3。粉尘的真密度是指单位实际体积粉尘的质量，这里的粉尘实际体积不包括粉尘之间的空隙，因而称之为粉尘的真密度。粉尘假密度也称堆积密度或表现密度，是指粉尘呈自然扩散状态时单位容积中粉尘的质量，这里的单位容积包含了尘粒之间存在的空隙，因此堆积密度要比粉尘的真密度小。

32. 如何定义粉尘的浓度?

粉尘浓度是指单位体积空气中所含浮尘的数量或质量，其大小直接影响着粉尘危害的严重程度，是衡量作业环境的劳动卫生状况和评价防尘技术效果的重要指标。粉尘浓度表示方法有质量法和计数法两种。质量法是指单位体积空气中所含浮尘的质量，单位为毫克/米^{3}或克/米³，我国规定采用质量法来计量粉尘浓度。计数法是指单位体积空气中所含浮尘的颗粒数，单位为粒/厘米³或粒/米³，因其测定复杂且不能很好地反映粉尘的危害性，因而使用越来越少。

33. 如何定义粉尘的分散度？

粉尘分散度又称粒度分布，指的是在不同粒径范围内所含的粉尘个数或质量占总粉尘的百分比，可分为计数分散度和计重分散度两种表示方法。质量分散度是以粉尘的质量为基准计量的，用各粒级区间粉尘的质量占总质量的百分数表示。数量分散度是以粉尘颗粒数为基准计量的，用各粒级区间粉尘的颗粒数占总颗粒数的百分数表示。粒径较小的粉尘所占比例越大，表示其分散度越高。

粉尘分散度的表示手段很多，如列表法、图形法、函数法等。最简单和最常用的是列表法，即将粒径分成若干个区段，然后分别给出每个区段的颗粒数或质量，用绝对数或百分数表示。粒径区段的划分是根据粒度大小和测试目的确定的。我国工矿企业将粉尘粒径区段划分为4级：小于2微米、2～5微米、5～10微米和大于10微米。

34. 什么是粉尘的凝聚与附着性？

凝聚是指细小颗粒粉尘尘粒互相结合成新的大尘粒的现象，附着是指尘粒和其他物质结合的现象。粉尘体积小，重量轻，比表面积大，尘粒间的结合力大。当粉尘间的间距非常小时，由于分子引力的作用，就会产生凝聚。当粉尘与其他物体间距非常小时，由于分子引力的作用，就会产生附着。如尘粒间距离较大，则可通过外力作用使尘粒间碰撞、接触，促使其凝聚与附着。这些外力作用包括粒子热运动（布朗运动）、静电力、超声波、紊流脉动速度等。

35. 什么是粉尘的悬浮性?

粉尘的悬浮性是指粉尘可在空气中长时间悬浮的特性。粉尘粒径越小，重量越轻，粉尘比表面积越大，吸附空气能力越强，从而形成一层空气膜，不易沉降，可以长时间悬浮在空气中。一般来说，静止的空气中，粒径大于 10 微米的粉尘会加速沉降，粒径为 0.1～10 微米的粉尘等速沉降，粒径小于 0.1 微米的粉尘基本不沉降。

36. 粉尘扩散的原因有哪些?

生产作业中，任何一个尘源所产生的粉尘，都要以空气为媒介，经过扩散和传播过程进入人体，危害人体健康。

粉尘从静止状态进入运动状态并且悬浮在周围空气中的扩散过程，称为一次尘化，或简称尘化。典型的尘化主要有以下几种:

(1) 诱导空气的尘化。即机动设备或块、粒状物体等在空气中运动时，能产生与物体一起运动的诱导空气，从而使粉尘扬起。如汽车行车及物体运动时涡流卷吸作用产生诱导空气使粉尘扬起；用砂轮抛光金属件时，其切向甩出的金属屑及砂尘会产生诱导空气，使磨削下来的细粉尘随其扩散。

(2) 剪切压缩造成的尘化。例如，铸造车间的振动落砂机、筛分物料用的振动筛工作时，由于上下往复振动，气流和粉尘之间产生剪切使疏松物料及其粉尘从间隙中的空气挤压出来。

(3) 上升热气流造成的尘化。例如，炼钢电炉、电炉、加热炉以及金属浇铸等热产尘设备表面的空气被加热上升时，会带出粉尘和有害气体。

(4) 综合作用时的尘化。例如，皮带运输机输送的物料从高处下落到低处时，由于气流和粉尘间的剪切作用，被物料挤压出来的高速气流会带着粉尘向四周飞溅。此外，物料在下落过程中，由于剪切和诱导空气作用，高速气流也会使部分粉尘飞扬。

37. 粉尘在水平气流中如何传播？

在水平运动气流中，粉尘沉降方向与气流运动方向垂直，作用于气流的推力对粉尘的悬浮没有直接作用，使粉尘悬浮的主要动力是垂直向上的作用力，因此，处于层流运动水平气流中，粉尘一般不能悬浮，而在紊流运动水平气流中，使粉尘悬浮的主要速度是垂直气流运动方向的横向脉动速度。因此，要使粉尘在水平运动气流中传播与运动，至少应保证粉尘悬浮，必须保证运动气流为紊流，且应有足够的气流速度。

由此可见，控制粉尘周围的气流流动，对于控制粉尘的扩散与传播，改善作业场所的空气环境，具有重要作用。

38. 什么是粉尘的润湿性？

粉尘的润湿性是指粉尘与液体亲和的能力。液体对固体表面的润湿程度，主要取决于液体分子对固体表面作用力的大小，而对于同一粉尘尘粒来说，液体分子对尘粒表面的作用力又与液体的力学性质即表面张力的大小有关。表面张力越小的液体，越容易润湿尘粒，例如，酒精、煤油的表面张力比水小，对粉尘的润湿性就比水好。

另外，粉尘的润湿性还与粉尘的形状和大小有关。球形颗粒的粉尘润湿性要比不规则的尘粒润湿性差。粉尘越细，亲水能力越差。例如，石英的亲水性好，但粉碎成粉末后亲水能力大大降低。

39. 什么是粉尘的荷电性与导电性?

粉尘的荷电性是指粉尘可带电荷的特性,电除尘就是利用此特性来除尘的。尘粒在其产生和运动过程中,因天然辐射、空气的电离、尘粒之间的碰撞及摩擦等作用,都可能使尘粒获得正电荷或负电荷。例如,非金属和酸性氧化物粉尘常带正电荷,金属和碱性氧化物粉尘常带负电荷。

尘粒荷电后,将改变它的某些物理性质,如凝聚性、附着性以及在气体中的稳定性。带有相同电荷的尘粒,互相排斥,不易凝聚沉降,而带有不同电荷时,则相互吸引,加速沉降。因此,有效利用粉尘的这种荷电性,是降低粉尘浓度、减少粉尘危害的方法之一。

粉尘的导电性通常以电阻率表示。粉尘的导电不仅包括靠粉尘颗粒本体内的电子或离子发生的容积导电,也包括靠颗粒表面吸附的水分和化学膜发生的表面导电。对电阻率高的粉尘,在较低温度下,主要是表面导电;在较高温度下,容积导电占主导地位。

40. 什么是粉尘的自燃性和爆炸性?

固体物料破碎以后,其表面积急剧增加。例如,边长为 1 厘米的立方体物料粉碎成边长为 1 微米的微粒,总表面积由 6 厘米^{2}增大到 6 米^2。随着粉尘比表面积增加,系统中粉尘的自由表面能也随之增加,从而提高了粉尘的化学活性,尤其提高了氧化产热的能力,粉尘在一定的条件下会燃烧。粉尘自燃是由于放热反应时散热速度超过系统的排热速度,氧化反应自动加速造成的。

在封闭或半封闭的空间内可燃性悬浮粉尘的燃烧会导致爆炸。爆炸是急剧的氧化燃烧现象,产生高温、高压、冲击波,同时产生大量的一氧化碳等有毒有害气体，对安全生产有极大危害。

41. 什么是粉尘的磨损性？

磨损性是指粉尘在流动过程中对器壁或管壁的磨损性能。表面为尖棱形状的粉尘（如烧结尘）比表面光滑的粉尘的磨损性大。微细粉尘比粗粉尘的磨损性小。一般认为小于 10 微米粉尘的磨损性是不严重的，然而随着粉尘颗粒增大，磨损性增强，但增加到某一最大值后便开始下降。为了减轻粉尘对材料的磨损，应适当地选取管道中气流速度和设计壁厚，降低含尘质量浓度，增大转弯半径等。在必要的情况下，可在易磨损的部位采用耐磨材料作为内衬，如耐磨涂料、铸铁等材料。

42. 粉尘有哪些光学特性？

光线射到粉尘粒子以后，可发生两个不同的过程。一方面，粒子接受到的能量可被粒子以相同的波长再辐射，再辐射可发生在所有方向上，但不同方向有不同的强度，这个过程称为散射。另一方面，辐射到粒子上的辐射能可变为其他形式的能，如热能、化学能或不同波长的辐射，这个过程称为吸收。

粉尘的光学特性包括粉尘对光的散射、吸收、透光等。在测尘技术中，常常用到这些特性。当光线穿过含尘介质时，由于尘粒对光的散射、吸收和透光等，光强被减弱，其减弱程度与粉尘浓度、粒径、透明度、形状有关。

43. 粉尘的危害性主要体现在哪些方面？

粉尘具有很大的危害性，表现在以下几个方面：

（1）某些粉尘（如谷物、煤、铝、织物纤维、硫化物等粉尘）在一定条件下会发生爆炸，导致人身伤亡、财产损失。

（2）粉尘被人体吸入后，会危害身体健康，引起职业病。工人长期吸入粉尘，轻者会致呼吸道炎症、皮肤病，重者会导致肺尘埃沉着病，而肺尘埃沉着病引发的工人致残和死亡人数在国内外都十分惊人。且有些粉尘不但能引起肺尘埃沉着病，还具有致癌性，如石棉尘、铬、砷、镍及放射性矿尘可致癌。由粉尘引起的各种疾病，导致许多工人轻则劳动能力降低，重则完全丧失劳动能力，甚至死亡，严重制约着工矿企业的发展，同时也给国家和企业造成巨大经济损失。

（3）影响生产。粉尘会降低产品的质量和机器设备的工作精度。例如，粉尘加速机械磨损，缩短精密仪器使用寿命。在集成电路、化学试剂、医药、感光胶片、精密仪表等生产单位，粉尘不仅会使产品质量降低，甚至还会导致产品报废。

（4）降低工作场所能见度，增加工伤事故的发生。粉尘会使作业环境的能见度和光照度降低，当粉尘浓度很高时，作业场所能见度较低，影响作业环境中人员的视野，往往会导致误操作，造成人身意外伤亡。

（5）造成大气污染，影响人类的生存，不仅危害公民健康，而且还会损害树木或农作物的生长。

44. 粉尘如何进入并危害人体？

进入人体呼吸系统的粉尘大体上经历以下四个过程：

（1）在上呼吸道的咽喉、气管内，含尘气流由于沿程的惯性碰撞作用使大于 10 微米的尘粒首先沉降在其内，经过鼻腔和气管黏膜分泌物黏结后形成痰排出体外。

（2）在上呼吸道的较大支气管内，通过惯性碰撞及少量的重力沉降作用，粒径为 5~10 微米的尘粒沉积下来，经气管、支气管上皮的纤毛运动，咳嗽随痰排出体外，因此，真正进入下呼吸道的粉尘，其粒度均小于 5 微米。

（3）在下呼吸道的细小支气管内，由于支气管分支增多，气流速度减慢，部分 2~5 微米的尘粒依靠重力沉降作用沉积下来，通过纤毛运动逐级排出体外。

（4）其余的细小粉尘进入呼吸性支气管和肺内后，一部分可随呼气排出体外，另一部分沉积在肺泡壁上或进入肺内。残留在肺内的细小粉尘，表面活性很强，被肺泡中的吞噬细胞吞食后，使吞噬细胞崩解死亡，使肺泡组织形成纤维病变出现网眼，逐步失去弹性而硬化（即纤维化），无法担负呼吸作用，降低人体抵抗能力，并容易诱发其他疾病，如肺结核、肺心病等。

45. 什么叫尘肺？

尘肺的规范名称是肺尘埃沉着病，该病是由于在职业活动中长期吸入粉尘（灰尘），并在肺内潴留而引起的以肺组织弥漫性纤维化（瘢痕）为主的全身性疾病。尘肺按其吸入粉尘的种类不同，可分为无机尘肺和有机尘肺。

在生产劳动中，吸入无机粉尘所致的尘肺称为无机尘肺。尘肺大部分为无机尘肺。吸入有机粉尘所致的尘肺称为有机尘肺，如棉尘肺、农民肺等。

46. 尘肺如何分类？

根据人体吸入粉尘成分的不同，尘肺可分为以下五类：

（1）碳尘肺。碳尘是自然界中以单质碳或元素碳形式存在的一组粉尘的总称，极少或基本不含二氧化硅和硅酸盐。常见的碳尘有煤、碳黑、石墨、活性炭等，能引起煤尘肺、碳黑尘肺、石墨尘肺、活性炭尘肺等。

（2）硅尘肺。硅尘肺是由于在工作场所吸入大量游离二氧化硅含量较高的粉尘所引起的。游离二氧化硅粉尘即硅尘，以石英为代表，约95％的矿山岩石中含有石英，因此，在矿山岩石采掘、开山筑路、开凿隧道、采石等作业中，均能接触含有石英的粉尘。此外，在石英粉、玻璃、耐火材料等生产企业的原料破碎、研磨、筛选等加工过程，机械制造业中型砂的准备和铸件的清砂等生产过程，钢铁冶金业矿石原料加工过程，在制造业、陶瓷工业中原料准备、加工等过程，均可接触硅尘。

（3）硅酸盐尘肺。硅酸盐尘肺是由于人体吸入硅酸盐粉尘引起的。硅酸盐尘肺有许多种，包括石棉尘肺、滑石尘肺、水泥尘肺、云母尘肺、高岭土尘肺、硅藻土尘肺等。硅酸盐由二氧化硅、金属氧化物和结晶水组成，在自然界分布很广，地壳主要由各种硅酸盐岩石构成。硅酸盐还可分为天然和人造两类，有纤维状和非纤维状两种形态。纤维状硅酸盐主要有石棉、耐火材料、滑石等，非纤维状硅酸盐有黏土、水泥、高岭土、矾土、云母等。

（4）金属尘肺。金属矿石在冶炼加工过程中产生的金属及其氧化物粉尘，如铝、铁、钡、锡、锑等及其氧化物，工人长期吸入能引起金属尘肺，常见的尘肺有铝尘肺、白刚玉尘肺、碳化硅尘肺、金刚砂尘肺、铁尘肺、钡尘肺、锡尘肺、锑尘肺等。

（5）混合尘肺。在生产活动中，接触单一性质粉尘的机会是很少的，大多是两种或两种以上的粉尘混合在一块，如二氧化硅粉尘和煤尘、铁尘等粉尘混合，即形成混合性粉尘。混合性粉尘能引起混合尘肺，常见的混合尘肺有电焊工尘肺、铸工尘肺、石膏尘肺、磨工尘肺等。

47. 尘肺发病症状如何？

尘肺病无特异的临床表现，其临床表现多与合并症有关。

（1）咳嗽。早期尘肺患者咳嗽多不明显，但随着病程的进展，患者多合并慢性支气管炎，晚期患者多合并肺部感染，均可使咳嗽明显加重。咳嗽与季节、气候等有关。

（2）咳痰。咳痰主要是呼吸系统对粉尘的不断清除所引起的。一般咳痰量不多，多为灰色稀薄痰。如合并肺内感染及慢性支气管炎，痰量则明显增多，痰呈黄色黏稠状或块状，常不易咳出。

（3）胸痛。尘肺患者常常感觉胸痛，胸痛和尘肺临床表现多无相关或平行关系。部位不一，且常有变化，多为局限性。一般为隐痛，也可胀痛、针刺样痛等。

（4）呼吸困难。随肺组织纤维化程度的加重，有效呼吸面积减少，通气/血流比例失调，呼吸困难也逐渐加重。合并症的发生可明显加重呼吸困难的程度和发展速度。

（5）咯血。较为少见，可由于呼吸道长期慢性炎症引起黏膜血管损伤，痰中带少量血丝；也可能由于大块纤维化病灶的溶解破裂，损及血管而使咯血增多。

（6）其他。除上述呼吸系统症状外，可有程度不同的全身症状，常见有消化功能减退。

48. 医学上诊断尘肺的方法有哪些？

（1）体征。尘肺病早期患者一般状态尚好，晚期则营养欠佳。晚期患者，特别是并发肺结核或肺部感染时，肺部可听到啰音。患者有肺气肿、气胸、肺源性心脏病时，可出现相应的体征。有杵状指时，应留心其他并发病的可能。

（2）X线表现。接触石英粉尘，特别是吸入高浓度石英粉尘所致典型矽肺的X线表现是在两上肺野出现圆形小阴影。两侧基本对称，以外侧更为明显，但肺尖不受累及，如肺尖出现阴影则并发肺结核的可能性较大。

随病情的发展，除两上肺野外，中、下肺野也出现圆形小阴影，肺内小阴影增多、变大，密集度增高。对于严重的病例，两肺阴影密集，恰似漫天飞雪（暴雪状）。随小阴影的增多，肺纹理发生变形、中断，直至不能辨认。

33

大阴影经过几年的演变，有向肺门和纵膈移动的趋势，且肺门上抬，肺下部气肿加重，残留的肺纹拉直呈垂柳样。在肺的周边部可见疤性肺气肿，其间有残留的肺段间隔线。

接触高浓度的石英粉尘且病情严重的病例，可因矽结节中心坏死后发生矽结节钙化，并常伴有肺门淋巴结蛋壳样钙化。在出现矽结节钙化后，病情常变缓和，可多年处于稳定状态。

49. 尘肺医学诊断标准有哪些？

粉尘作业人员健康检查发现X射线胸片有不能确定的尘肺样影像学改变，其性质和程度需要在一定期限内进行动态观察。根据X射线胸片表现分为三期：一期尘肺是指有总体密集度为1级的小阴影，分布范围至少达到2个肺区。二期尘肺是指有总体密集度为2级的小阴影，分布范围超过4个肺区，或有总体密集度为3级的小阴影，分布范围达到4个肺区。三期尘肺是指有下列情形之一者：有大阴影出现，其长径不小于 20 毫米，短径不小于 10 毫米；有总体密集度为 3 级的小阴影，分布范围超过 4 个肺区并有小阴影聚集；有总体密集度为 3 级的小阴影，分布范围超过 4 个肺区并有大阴影。

尘肺病诊断结论的表述是具体尘肺病名称＋期别，如矽肺一期、煤工尘肺二期等。未能诊断为尘肺病者，应表述为"无尘肺"。

50. 尘肺患者容易出现哪些并发症?

（1）呼吸系统感染。主要是肺感染，这是尘肺患者常见的并发症。

（2）自发性气胸。较少见，为肺组织和脏层胸膜破裂，空气进入胸膜腔形成气胸。

（3）肺结核。粉尘作业工人，特别是矽尘作业工人，比一般人群易患肺结核。

（4）肺癌及胸膜间皮瘤。主要见于石棉作业工人及石棉肺患者。

（5）慢性肺源性心脏病。见于部分晚期患者，这是因为慢性支气管炎使气道变狭窄，通气阻力增加，产生阻塞性肺气肿，肺动脉压升高，而致慢性肺心病。

（6）呼吸衰竭。上呼吸道及肺部感染、气胸等诱因是导致发生失代偿性呼吸衰竭的主要原因，滥用镇静及安眠类药物也是导致尘肺患者呼吸衰竭的原因之一。

51. 影响尘肺的发病因素有哪些?

（1）粉尘粒径及分散度。尘肺病变主要是发生在肺脏的最基本单元即肺泡内。粉尘粒径不同，对人体的危害性也不同。5 微米以上的粉尘对尘肺的发生影响不大，5 微米以下的粉尘可以进入下呼吸道并沉积在肺泡中，最危险的是粒径为 2 微米左右的粉尘。由此可见，粉尘的粒径越小，分散度越高，对人体的危害就越大。

（2）粉尘的成分。能够引起肺部纤维病变的粉尘，多半含有游离的二氧化硅，由于游离的二氧化硅表面活性很强，能加速肺泡组织死亡，故其含量越高，发病工龄越短，病变的发展程度越快。硅尘肺是发病期最短、病情发展最快也最为严重的一种尘肺。对于碳尘，引起碳尘肺的主要是它的有机质，有机质含量越高，发病越快。

（3）粉尘浓度。尘肺的发生和进入肺部的粉尘量有直接的关系，也就是说，尘肺的发病工龄和作业场所的粉尘浓度为正相关关系。粉尘浓度越高，被吸入肺部的粉尘量越多，患尘肺越快。国外的统计资料表明，在高粉尘浓度的场所工作时，平均 5～10 年就有可能导致硅尘肺，如果粉尘中的游离二氧化硅含量达 80％～90％，甚至 1.5～2 年即可发病。

（4）接触粉尘的时间。连续在含粉尘的环境中工作的时间越长，吸尘越多，发病率越高。据统计，工龄在 10 年以上的工人比同工种 10 年以下的工人发病率高 2 倍。

（5）个体方面的因素。粉尘引起尘肺是通过人体而进行的，所以人的机体条件，如年龄、营养状况、健康状况、生活习惯、卫生条件等，对尘肺的发生、发展有一定的影响。

52. 爆炸性粉尘如何分类？

根据可燃粉尘的爆炸特性，可将其分为两大类，即活性粉尘和非活性粉尘。其基本区别是活性粉尘本身含氧，如火炸药和烟火剂粉尘，故含氧气体并不是发生爆炸的必要条件，活性粉尘在惰性气体中也可爆炸，且在活性粉尘的浓度与爆炸特性的关系中表现出不存在浓度上限的情形。非活性粉尘是典型的燃料，如金属、煤、粮食、塑料及纤维粉尘等，本身不含氧，故只有分散在含氧的气体中（如空气）时才有可能发生爆炸。

工业生产中常说的粉尘爆炸是指非活性粉尘爆炸。

53. 粉尘爆炸需要哪些条件？

粉尘爆炸必须同时具备以下三个条件：

（1）粉尘本身具有爆炸性。这是粉尘爆炸的必要条件，粉尘爆炸的危险性必须经过试验确定。

（2）粉尘悬浮在一定氧含量的空气中，并达到一定浓度。爆炸只在一定浓度范围内才能发生，这一浓度称为爆炸的浓度极限，它又有爆炸上限和下限之分，前者是指粉尘能发生爆炸的最高浓度，后者则是指能发生爆炸的最低浓度，粉尘浓度处于上下限浓度之间则有爆炸危险，而在浓度极限之外的粉尘不可能发生爆炸。

（3）有足以引起粉尘爆炸的点火源。如煤尘爆炸的引燃温度在 $610 \sim 1\,050\,℃$ 之间，一般为 $700 \sim 800\,℃$，最小点火能为 $4.5 \sim 40$ 毫焦，这样的温度条件，几乎一切火源均可达到，如电气火花、气体燃烧或爆炸、火灾等。

以上三个条件缺任何一个都不可能造成粉尘的爆炸。

54. 粉尘爆炸是什么样的一个过程？

粉尘爆炸是个非常复杂的过程，受很多物理因素的影响。一般认为，粉尘爆炸经过以下发展过程：

（1）粉尘粒子表面通过热传导和热辐射，从点火源获得点火能量，使表面温度急剧增高。

（2）粉尘粒子表面的分子，由于热分解或干馏作用，在粒子周围生成气体。

（3）粉尘粒子周围的气体与空气混合，形成爆炸性混合气体，遇火产生火焰。

（4）粉尘粒子本身从表面一直到内部相继发生熔融和气化，迸发出微小的火花成为周围未燃烧粉尘的点火源，使粉尘着火，从而扩大了爆炸范围。

（5）燃烧产生的热量进一步促进粉尘分解，不断地放出可燃气体和空气混合而使火焰继续传播。

这是一种连锁反应，当外界热量足够时，火焰传播进度越来越快，最后引起爆炸；若热量不足，火焰则会熄灭。

55. 粉尘爆炸与气体爆炸相比有哪些特性？

与气体爆炸相比，粉尘爆炸有以下特性：

（1）点燃粉尘所需的初始能量大，为气体爆炸的近百倍。粉尘爆炸中，热辐射起的作用比热传导更大。

（2）粉尘爆炸的感应期长，可达数十秒，为气体爆炸的数十倍，这是因为粉尘燃烧是一种团体燃烧，其过程比气体燃烧复杂。

（3）破坏力更强。粉尘密度比气体大，爆炸时能量密度也大，爆炸产生的温度、压力很高，冲击波速度快。例如，煤尘的火焰温度为1 600～1 900℃，火焰速度可达1 120 米/秒，冲击波速度可达2 340 米/秒，初次爆炸的平均理论压力为736 千帕。

（4）易发生不完全燃烧，爆炸气体产物中一氧化碳含量更大。例如，煤尘爆炸时产生的一氧化碳，在灾区气体中的浓度可达2%～3%，有时甚至高达8%。爆炸事故中大多数（70%～80%）受害者因一氧化碳中毒死亡。

（5）发生二次爆炸或多次连续爆炸的可能性较大，且爆炸威力跳跃式增大。初次粉尘爆炸的冲击波速度快，可扬起沉积的粉尘，使新空间粉尘浓度达到爆炸极限而产生二次爆炸或多次连续爆炸，且爆炸压力随着离开爆源距离的延长而跳跃式增大。爆炸过程中如遇障碍物，压力将进一步增加，尤其是二次爆炸或多次连续爆炸，后一次爆炸的理论压力将是前一次的5～7倍。

（6）多半会产生"黏渣"，并残留在爆炸现场附近。粉尘爆炸时因粒子一面燃烧一面飞散，一部分粉尘会被焦化，黏结在一起，残留在爆炸现场附近，如气煤、肥煤、焦煤等黏结性煤的煤尘爆炸，会形成煤尘爆炸所特有的产物—焦炭皮渣或黏块，统称"黏焦"。

56. 影响粉尘爆炸的主要因素有哪些？

粉尘爆炸比可燃气爆炸要复杂，影响因素也较多，可以分为粉尘自身性质和外部条件两个方面的影响。

（1）粒径及分散度。粒径对爆炸性的影响极大。粉尘越细，越易飞扬，且粒径小的粉尘比表面积大，表面活性大，爆炸性强。粒径为1毫米以下的粉尘粒子都可能参与爆炸，且爆炸的危险性随粒径的减小而迅速增加，75微米以下的粉尘，特别是20～75微米的粉尘，爆炸性最强。

（2）粉尘的化学组分及性质。粉尘的化学组分及性质对能否引起粉尘爆炸具有决定性作用，如粉尘中没有会燃烧的成分，则不会发生爆炸；粉尘的燃烧热越大，其爆炸性越强；粉尘中含有的挥发分（可燃气成分）越多，越易爆炸。

（3）氧含量。粉尘和空气混合物中，气相中氧含量的多少对其爆炸特性影响很大。粉尘爆炸体系是一个缺氧的体系，所以气相中氧含量增加，粉尘的爆炸下限浓度降低，上限浓度增高，爆炸范围扩大。粉尘在纯氧中的爆炸下限浓度只为在空气中爆炸下限浓度的 $1/4 \sim 1/3$，而在纯氧中能发生爆炸的最大颗粒尺寸则加大到空气中相应值的 5 倍。

（4）灰分及含水量。灰分是指不可燃物质，能吸收能量，阻挡热辐射，破坏链反应，降低粉尘的爆炸性。水的吸热能力大，能促使细微尘粒聚结为较大的颗粒，减少尘粒总表面积，同时还能降低落尘的飞扬能力，粉尘中含水量越大，粉尘爆炸的危险性越小。

（5）点火能量。火源的能量强弱不同，粉尘爆炸浓度下限有 $2 \sim 3$ 倍的变化，火源能量大时，爆炸下限较低。

（6）可燃气含量。可燃气的存在使粉尘爆炸下限浓度下降，最小点燃能量也降低，增加了粉尘爆炸的危险。

（7）粉尘粒子形状和表面状态。在自然界或工业生产过程中产生的粉尘，不仅形状不规则，而且其粒度分布范围也广。粉尘形状和表面状态不同时，爆炸危险性也不一样。扁平状粒子爆炸危险性最大，针状粒子次之，球形粒子最小。粒子表面新鲜，暴露时间短，则爆炸危险性高。

57. 什么是生产性毒物？

毒物是指在一定的条件下，以较小剂量作用于人体，即可引起人体生理功能改变或器质性损害，甚至危及生命的化学物质。

生产性毒物是指在生产中使用、接触的能使人体器官组织机能或形态发生异常改变而引起暂时性或永久性病理变化的物质。通常情况下，生产性毒物是指各种生产过程中产生或使用的有毒物质，特别是化学性有毒物质，也可称为工业毒物。

58. 生产性毒物的来源有哪些?

生产性毒物的来源主要有以下几个方面:

(1) 生产原料,如生产颜料、蓄电池使用的氧化铅,生产合成纤维、燃料使用的苯等。

(2) 中间产品,如用苯和硝酸生产苯胺时产生的硝基苯。

(3) 成品,如农药厂生产的各种农药。

(4) 辅助材料,如橡胶、印刷行业用作溶剂的苯和汽油。

(5) 副产品及废弃物,如炼焦时产生的煤焦油、沥青,冶炼金属时产生的二氧化硫。

(6) 夹杂物,如硫酸中混杂的砷等。

59. 生产性毒物有哪些存在形态?

生产性毒物可以气体、液体和固体形态存在于环境中,主要表现为以下几种形态:

(1) 气体。在常温、常压条件下,散发于空气中的无定形气体,如氯、溴、氨、一氧化碳、甲烷等。

(2) 蒸气。固体升华、液体蒸发时形成蒸气,如水银蒸气、苯蒸气等。

(3) 雾。混悬于空气中的液体微粒,如喷洒农药和喷漆时所形成的雾滴,镀铬和蓄电池充电时逸出的铬酸雾和硫酸雾等。

(4) 烟。直径小于 0.1 微米的悬浮于空气中的固体微粒,如熔铜时产生的氧化锌烟尘、熔镉时产生的氧化镉烟尘、电焊时产生的电焊烟尘等。

(5) 粉尘。能较长时间悬浮于空气中的固体微粒,直径大多数为

0.1～10 微米。固体物质的机械加工、粉碎、筛分、包装等可引起粉尘飞扬。

悬浮于空气中的粉尘、烟、雾等微粒，统称为气溶胶。了解生产性毒物的存在形态，有助于研究毒物进入机体的途径、发病原因，以便于采取有效的防护措施以及确定车间中空气有害物的采样方法。

60. 生产性毒物进入人体有哪些途径？

生产性毒物进入人体的途径主要有以下三条：

（1）呼吸道，这是最常见和主要的途径。凡是以气体、蒸气、粉尘、烟、雾形态存在的生产性毒物，在防护不当的情况下，均可经呼吸道侵入人体，而且人的整个呼吸道都能吸收毒物。

（2）皮肤，是某些毒物进入人体的途径之一。毒物可通过无损伤的皮肤的毛孔、皮脂腺、汗腺被吸收进入血液。能经皮肤进入血液的毒物有：能溶于脂肪及类脂质的物质，主要是芳香族的硝基、氨基化合物，金属有机铅化合物等；苯、甲苯、二甲苯、氯化烃类及醇类也可以被皮肤吸收；能与皮肤中的脂酸根结合的物质，如汞及汞盐、砷的氧化物及盐类；具有腐蚀性的物质，如强酸、强碱、酚类及黄磷等。

（3）消化道，在生产环境中，单纯从消化道吸收而引起中毒的机会比较少。往往是由于手被毒物污染后，直接用污染的手拿食物吃，从而造成毒物随食物进入消化道。例如，手工包装敌百虫等农药时，可能会使毒物经消化道吸收。

61. 生产性毒物对人体有哪些主要危害？

根据生产性毒物对人体的毒性作用，可将其分为四种，分别是绝对毒性、相对毒性、有效毒性和急性毒作用。

生产性毒物进入人体后，能够引起局部刺激和腐蚀作用，如强酸（硫酸、硝酸）、强碱（氢氧化钠、氢氧化钾）可直接腐蚀皮肤和黏膜。还有些有毒气体能够阻止氧的吸收、运输和利用，甚至直接导致死亡。例如，一氧化碳进入人体后很快与血红蛋白结合，影响血红蛋白运送氧气。吸入氯气等刺激性气体后可形成肺水肿，妨碍肺泡的气体交换功能，使其不能吸收氧气。惰性气体或毒性较小的气体如氮气、甲烷、二氧化碳，会降低空气中氧分压而使人窒息。

毒物还能改变机体的免疫功能，干扰机体免疫系统，致使机体免疫力低下，使人体更容易患上其他相关的疾病。

很多毒物还会抑制机体酶系统的活性，从而发生"三致"，即致癌、致畸、致突变。

62. 什么是职业中毒？

在工业生产环境中，由于生产性毒物引起的从业人员中毒称为职业中毒。职业中毒的局部作用表现为对皮肤黏膜的刺激和腐蚀作用。职业中毒的全身作用表现为接触部位以外的器官损害，如缺氧和麻醉等全身损伤，以及肝、肾、血液等损害。

63. 职业中毒可分为哪几类？

职业中毒可分为急性、亚急性和慢性3种临床类型。急性中毒是指毒物一次或在短时间（几分钟至数小时）大量进入人体而引起的中毒。慢性中毒是指毒物长期少量进入人体而引起的中毒，如慢性铅中毒。亚急性中毒发病情况介于急性和慢性之间，接触浓度较高时，一般在一个月内发病，也称亚慢性中毒，如亚急性铅中毒。

64. 职业中毒有哪些表现形式？

不同的生产性毒物可侵害人体不同的系统或器官，由于受损系统或器官不同，中毒者的表现也不同。

（1）神经系统。例如，慢性铅中毒的早期表现为头晕、失眠、记忆力减退、情绪不稳定、乏力等症状。急性汽油中毒的临床表现则是哭笑异常、易怒等。一氧化碳中毒后遗症的表现为痴呆、严重记忆力减退等。

（2）呼吸系统。例如，刺激性气体（氯气、氮氧化物、二氧化硫等）可引起咽炎、喉炎、气管炎、支气管炎等呼吸道病变，严重时可产生化学性肺炎、化学性肺水肿。汽油可引起胸闷、剧咳、咳痰、咯血等。氮氧化物、有机磷农药中毒可引起明显的呼吸困难、紫绀、剧咳。长期吸入砷和铬等可引起肺癌。

（3）血液系统。例如，铅可引起低色素性贫血。苯、三硝基甲苯可抑制骨髓造血功能，引起白细胞、血小板减少，甚至造成再生障碍性贫血。苯的氨基和硝基化合物、亚硝酸盐可引起高铁血红蛋白血病。

（4）消化系统。例如，经口进入人体的汞盐、三氧化二砷所致的急性中毒，可引起恶心、呕吐等症状。铅、汞中毒时，可见牙釉质脱落。慢性铅中毒时，经常出现脐周或全腹剧烈的持续性或阵发性绞痛等症状。工业毒物中许多亲肝毒物，如黄磷、砷、四氯化碳、氯仿、氯乙烯、三硝基甲苯及其他苯的氨基、硝基化合物等，均可引起急性或慢性肝损伤，其症状和体征与病毒性肝炎相似。

（5）泌尿系统。例如，铅、汞、镉、砷及砷化物、四氯化碳、乙二醇、苯酚等均可引起肾损伤，但其致病机理各不相同。β—萘胺和联苯胺可诱发膀胱癌。

（6）循环系统。例如，窒息性气体和刺激性气体中毒可导致心肌缺氧。有机溶剂、有机磷农药中毒可引起心律不齐。慢性二硫化碳中毒可诱发冠心病。

（7）生殖系统。工业毒物的生殖毒性表现为对接触者本人生殖器官、内分泌系统、性周期和性行为、生育能力、妊娠结果、分娩过程等方面的影响，还可引起胎儿畸形、发育迟缓、功能缺陷甚至死亡等。

（8）皮肤。职业性皮肤病占职业病总数的 40%～50%，其致病因素很多，其中化学因素占 90%以上，例如化学灼伤、接触性皮炎、职业性痤疮、皮肤肿瘤等。

（9）眼部。腐蚀性强酸、强碱进入眼部可引起化学烧伤，常引起结膜、角膜的坏死、糜烂。三硝基甲苯、二硝基酚可引起白内障。甲醇可引起视神经炎、视网膜水肿、视神经萎缩，甚至失明等。

（10）发热。吸入锌、铜等金属烟后，可引起发热，称"金属烟尘热"。吸入聚四氟乙烯的热解物可产生"聚合物烟尘热"。

65. 什么是电离辐射的内照射伤害?

所谓内照射伤害，是指放射性物质进入人体内部产生的照射伤害，而有机会进入人体的放射性物质主要是放射性元素氡以及粉尘状含放射性物质的颗粒。

66. 电离辐射的内照射有什么危害?

内照射效应主要指人体吸入具有辐射能的放射性微粒后，放射性物质对人体组织、器官施加辐射所造成的后果。由于地壳内普遍存在着放射性元素，在矿物开采加工时，就会有放射性微粒飞扬出来形成放射性粉尘。

氡子体是离子态的原子微粒，有很强的吸附能力，能牢固地黏附在任何物体的表面，特别是巷道壁、矿石及粉尘的表面。当作业人员吸入粉尘时也会同时吸入氡子体。这些进入深部呼吸道的氡子体，在衰变过程中放出射程只有几厘米的 α 射线，严重影响身体健康。

67. 如何防范电离辐射的内照射危害?

（1）机械通风。矿山设计时，开拓方案和采矿方法都必须为放射性辐射防护创造条件，必须采用机械通风。机械通风是目前排除放射性气体与粉尘最有效的方法。

（2）空气净化。对于通风系统不能发挥作用的局部区域，可采用局部净化的方法分离除去空气中的放射性气体。把空气净化器安装在工作区域内，净化器入口吸入含尘及放射性气体的污浊风流，经过滤净化，由出口送出清洁空气供给工作空间使用。净化器有静电式、过滤式以及经典过滤复合式。

（3）放射源隔离。在放射性气体高析出率的矿山，应采取多种措施降低岩壁和矿石的放射性气体析出量。例如，在矿石富集地带，应尽量减少巷道探矿，用孔探代替坑探，以减少岩矿暴露表面积。在矿壁上喷涂防放射性气体保护层，能使放射性气体的析出率降低 50％以上。

（4）做好防尘工作。矿尘的危害不仅在于粉尘中游离二氧化硅可以导致矿工尘肺病，更大的危害在于粉尘中有放射性同位素，而且放射性气体沉积在呼吸性粉尘上又形成极细微的气溶胶，不仅加速尘肺病的发展，更能促使矿工肺癌的发生。所以在有放射性污染的矿山、选矿等企业必须高度重视并做好防尘工作。

(5) 加强个体防护。内照射辐射危害的源头是被人体吸入的放射性颗粒物。因此，预防措施首先应注意防止放射性物质经呼吸系统、消化系统或皮肤、伤口等途径进入人体内，其中最主要的是呼吸防护。现场用于放射防护的用具主要包括口罩、工作服、靴子、手套等。工作后在规定的场所更衣、淋浴，是防止将放射性物质带至公共场所或带回家的重要措施。

68. 什么是作业场所的生物性危害因素?

生物因素是职业病危害因素的一个重要组成部分，生产原料和生产环境中存在的对职业人群健康有害的致病微生物、寄生虫、动植物、昆虫等及其所产生的生物活性物质统称为生物性危害因素。例如，附着于动物皮毛上的炭疽杆菌、布氏杆菌，某些动植物产生的刺激性、毒性或变态反应性生物活性物质以及禽畜血吸虫尾蚴等。职业性有害生物因素主要指病原微生物和致病寄生虫，如布氏杆菌、炭疽杆菌、森林脑炎病毒等。

69. 哪些作业容易接触生物性危害因素附着的尘粒?

常见的生物性有害因素作业主要见于病原微生物实验研究、医疗卫生技术服务、生物高科技产业、动物饲养与屠宰以及植物种植等相关行业。

(1) 病原微生物实验研究。从事与病原微生物菌（毒）种、样本有关的研究、教学、检测、诊断等活动的实验室工作人员可能因接触高致病性病原微生物而引起相应的健康损害。

(2) 医疗卫生行业。从事医疗卫生技术服务的工作人员可能因接触致病性微生物而引起相应的健康损害。

（3）生物高科技产业。以 DNA 重组技术为代表的现代生物技术操作对象主要是活性有机体，在生产操作过程中工作人员会经常接触致病性微生物或非致病性微生物或其有毒有害的代谢产物，有可能对其健康产生危害。

（4）动物相关行业。从事畜牧业、动物饲养、动物屠宰等动物相关行业的作业人员存在感染动物性传染病的风险。

（5）植物相关行业。农业生产人员可能因接触有机粉尘导致农民肺。从事菇类栽培、采摘工作的人员可因吸入大量真菌孢子而诱发蘑菇肺。从事稻田作业的人员会发生各种皮肤疾患。在森林地区作业活动人员可接触森林脑炎病毒等。

70. 作业场所常见的致病微生物有哪些?

（1）炭疽杆菌。炭疽是一种人畜共患的急性传染病。炭疽杆菌是炭疽病的病源菌。

1）致病性。炭疽杆菌的荚膜和毒素是炭疽杆菌的两种主要致病物质。炭疽杆菌在动物体内能形成荚膜，荚膜能抵抗吞噬细胞的吞噬作用，有利于该菌在机体内的生存、繁殖和扩散。因此，有荚膜形成的炭疽杆菌致病性较强。炭疽杆菌可产生强毒性的炭疽毒素。炭疽毒素由水肿因子、保护性抗原和致死因子三种成分组成，其中任一成分单独存在均不引起毒性反应。水肿因子和保护性抗原同时作用可产生皮肤坏死和水肿反应，保护性抗原和致死因子同时作用可致死，只有三者同时存在方可引起典型的炭疽病。炭疽毒素主要损害微血管内皮细胞，增强血管壁的通透性，减少有效血容量和微循环灌注量，使血液的黏滞度增高，从而导致弥散性血管内凝血，进而造成休克。炭疽杆菌可经皮肤、呼吸道和消化道侵入机体引起炭疽病。

2）接触机会。炭疽杆菌主要寄生于牛、马、羊、骆驼等食草动物。从事畜牧业、兽医、屠宰牲畜检疫、毛纺及皮革加工等职业的人群接触炭疽杆菌的机会较多。误食病畜肉、乳品等可发生肠炭疽。

（2）布氏杆菌

1）致病性。布氏杆菌有荚膜，可产生透明质酸酶和过氧化氢酶，能够通过完整的皮肤和黏膜进入宿主体内。该菌产生的内毒素，是布氏杆菌的重要致病物质。荚膜能抵抗吞噬细胞的吞噬作用，内毒素损害吞噬细胞，布氏杆菌能在宿主细胞内增殖成为胞内寄生菌，并到达局部淋巴结繁殖形成感染病。当布氏杆菌在淋巴结中繁殖达到一定数量后即可突破淋巴结进入血液，引起发热等菌血症的表现。布氏杆菌可随血液侵入肝、脾、骨髓、淋巴结等组织器官，并生长繁殖形成新的感染病。

2）接触机会。牧民、饲养员、挤奶工、屠宰工、肉品包装工、卫生检疫员、兽医等职业人群接触机会较多。饮用布氏杆菌污染的生奶或奶制品可感染引发布氏杆菌病。

71. 如何预防作业场所生物性危害因素的危害?

（1）厂房布局、设施应符合防疫的健康要求。

（2）来自疫区的皮、毛等原料，需经检疫、消毒后再加工。

（3）生产性粉尘多的企业设通风除尘设备。

（4）操作现场、搬运和初始接触皮毛的场地及工具每天消毒两次。

（5）加强个人防护，加强防护服、口罩、防尘眼镜、帽子、手套、鞋等的更换和消毒。工作场所不得饮水，工作后洗手、消毒、淋浴。

72. 什么是金属烟热?

金属烟热是急性职业病，是吸入金属加热过程释放出的大量新生成的金属氧化物粒子引起的。金属烟热多为在通风不良的环境中作业，吸入过多的金属氧化物烟尘所致，以氧化锌烟雾引起者最多见，锡、银、铁、镉、铅、砷、锑、铍、镁、铊或锰等氧化物烟雾亦可引起金属烟热。临床表现为流感样发热，有发冷、发热以及呼吸系统症状。金属烟热是以典型骤起性体温升高和血液白细胞数增多等为主要表现的全身性疾病。

各种重金属烟均可产生金属烟热。金属加热刚超过其沸点时，释放出高能量的直径为 0.2～1 微米的粒子，如氧化锌烟深入呼吸道深部，大量接触肺泡可引起金属烟热。吸入大量细小的金属尘粒也可发病。能引起金属烟热的金属有锌、铜、镁，特别是氧化锌。铬、锑、砷、铁、铅、锰、汞、镍、硒、银、锡等也可引起，但较少见。锌的熔点和沸点较低，高温加热时首先逸出大量锌蒸气，在空气中氧化为氧化锌而致病。生产环境空气中氧化锌浓度大于 15 毫克/米³ 时，常有金属烟热发生。

73. 哪些作业人员易患金属烟热？

（1）金属加热作业人员。金属熔炼、铸造、锻造、喷金等作业都需要高温加热。铸铜时其中的锌由于熔点和沸点低而首先释放出来，并在空气中形成氧化锌烟，成为金属烟热常见的原因，铜尘、锰尘等细小金属粒子也可引起发病。

（2）金属焊接作业人员。金属焊接和气割的高温可使镀锌金属或镀锡金属释放出氧化锌烟或氧化锡烟。焊接或气割合金也可释放出金属烟。

74. 如何预防金属烟热？

金属烟热的主要预防措施有：在冶炼、铸造作业时应尽量采用密闭化生产，加强通风以防止金属烟尘和有害气体逸出，并回收加以利用。在通风不良的场所进行焊接、切割时，应加强通风，操作者应戴送风面罩或防尘面罩，并缩短工作时间。

75. 为什么要监测作业场所粉尘浓度？

要控制工作场所的粉尘浓度符合卫生标准要求，首先必须获得现场粉尘污染的第一手资料，如作业场所空气中粉尘浓度、粉尘中游离二氧化硅含量及粉尘的分散度等基本情况。这些情况是粉尘监测工作的主要内容，同时也是安全生产的需要。首先，粉尘监测是评价所采用的或改进的防尘措施效果好坏的依据。其次，因某些粉尘具有爆炸性，当其在空气中达到一定浓度时，遇到明火就可能发生爆炸。

准确的作业现场粉尘监测是防尘工作的一个重要组成部分，是做好作业场所环境卫生学评价和搞好安全生产不可缺少的环节，也是评价粉尘控制效果最有效的手段。

76. 作业场所粉尘监测有哪几种？

（1）评价监测。适用于建设项目职业病危害因素预评价、建设项目职业病危害因素控制效果评价和职业病危害因素现状评价等。

（2）日常监测。适用于对工作场所空气中有害物质浓度进行日常的定期监测。

（3）监督监测。适用于职业卫生监督部门对用人单位进行监督时，对工作场所空气中有害物质浓度进行的监测。

（4）事故性监测。适用于对工作场所发生职业病危害事故时，进行的紧急采样监测。

77. 如何选择作业场所粉尘监测采样点?

(1) 选择有代表性的工作地点,其中应包括空气中有害物质浓度最高、劳动者接触时间最长的工作地点。

(2) 在不影响劳动者工作的情况下,采样点应尽可能靠近劳动者。空气收集器应尽量接近劳动者工作时的呼吸地带。

(3) 在评价工作场所防护设备或措施的防护效果时,应根据设备的情况选定采样点,在工作地点劳动者工作时的呼吸地带进行采样。

(4) 采样点应设在工作地点的下风向,应远离排气口和可能产生空气涡流的地点。

(5) 按产品的生产工艺流程,工作场所内凡逸散或存在有害物质的工作地点,至少应设置 1 个采样点。

(6) 劳动者工作地点不固定时,在流动的范围内,一般每 10 米设置 1 个采样点。

采样时段按如下情况确定:

(1) 采样必须在正常工作状态和环境下进行,避免人为因素的影响。

(2) 空气中有害物质浓度随季节发生变化的工作场所,应将空气中有害物质浓度最高的季节作为重点采样季节。

(3) 在工作周内,应将空气中有害物质浓度最高的工作日作为重点采样日。

(4) 在工作日内,应将空气中有害物质浓度最高的时段作为重点采样时段。

在以时间加权平均容许浓度评价职业接触限值时,应选定有代表性的采样点,在空气中有害物质浓度最高的工作日采样 1 个工作班。

工业通风除尘技术

78. 什么是工业通风?

为了达到职业安全卫生标准和环境粉尘及其有害物浓度标准，一个重要的措施就是进行工业通风。所谓通风，泛指空气流动，通风系统是指促使空气流动的动力、通风风路及其相关设施等的组合体。而工业通风既将外界的新鲜空气送入有限空间内，又将有限空间内的粉尘和其他有害气体等排至外界。这里的"有限空间"，指的范围较广，既可以指建筑物，又可以指隧道、地下巷道、坑道、硐室，还可指容器等。

79. 工业通风有哪些重要作用?

工业通风的作用主要有三个方面：一是稀释或排除生产过程产生的毒害、爆炸性气体及粉尘，促进工业安全生产。二是给作业场所送入足够数量和质量的空气，供作业人员呼吸。三是调节作业场所的温度、湿度等气象条件，为作业人员提供舒适的作业环境。

80. 工业通风按照作用范围可分为哪几种?

按照通风的作用范围，工业通风可以分为局部通风、全面通风。

（1）局部通风和全面通风是针对指定的空间而言的。在指定的空间内，对整个空间均进行通风换气的方法称为全面通风，对局部地点或区域进行通风换气的方法称为局部通风。如一座有不同生产工序的大型厂房，对整个厂房或绝大多数空间均进行通风换气的方法称为全面通风，对其中部分空间进行通风换气的方法称为局部通风。再如一幢有许多房间的高层建筑，对整幢建筑所有房间或绝大多数房间进行通风换气的方法称为全面通风，对其中部分房间进行通风换气的方法称为局部通风。还如一个矿井，对整个矿井或绝大多数空间均进行通风换气的方法称为全面通风，对其中部分空间进行通风换气的方法称为局部通风。

（2）全面通风一般用于整个空间均需要通风换气的场合。局部通风一般用于全面通风未能达到安全、卫生要求的局部地点，或没有必要全面通风的区域。例如，对于操作人员少、面积大的车间，用全面通风改善整个车间的空气环境，既困难又不经济，而且也无此必要，这时可用局部通风向局部工作地点送风，在局部地点造成良好的空气环境。炼钢、铸造等高温车间经常采用局部通风方法。应当指出，在工业通风系统中，有不少场合往往是局部通风与全面通风结合使用，如矿井生产。

81. 工业通风按照其动力可分为哪几种？

按通风动力，工业通风可分机械通风、自然通风、自然－机械联合通风。

（1）机械通风。机械通风是指依靠通风机械设备作用使空气流动，造成有限空间通风换气的方法。由于通风机械设备产生的风量和风压可根据需要确定，这种通风方法能保证所需要的通风量，控制有限空间内的气流方向和速度，通过对进风和排风进行必要的处理，使有限空间空气达到所要求的参数。机械通风方法应用广泛。缺点是机械通风系统需要消耗电能以维持通风机运转，通风机和风道等设备要占用一定建筑面积和空间，工程造价相对较高，维护费用相对较大，安装和管理也相对复杂。

(2) 自然通风。自然通风是指自然因素作用而形成的通风现象，亦即是由于有限空间内外空气的密度差、大气运动、大气压力差等自然因素引起有限空间内外空气能量差后，促使有限空间的气体流动并与大气交换的现象。锅炉或电厂中的烟囱就是依靠烟囱内外空气的密度差引起有限空间内外空气能量差，促使烟囱的气体流动并与大气交换的现象。自然通风在很多情况下是有益的，如在建筑物内通风换气中，它不需要消耗机械动力，节约能源，使用管理简单，也不存在噪声问题。同时，在适宜的条件下，自然通风能获得很大的通风换气量，如产生大量余热的车间，可完成通风、降温、除湿，改善作业地点气象参数（热舒适）状态，改善有限空间空气质量状态（如增加新鲜空气，排除各种毒害及爆炸性气体等）两大功能，是一种经济的通风方式。然而，自然通风也有不利的一面：一是自然进入有限空间的空气很难预先进行处理，同样从有限空间排出的污浊空气也无法进行净化处理。二是由于风压和热压均会受到自然条件的约束，换气量很难人为控制，通风效果不够稳定。三是某些情况下自然通风对安全不利，如建筑物发生火灾时，室内温度高于室外温度，建筑物内的各种竖井成为拔火拔烟的垂直通道和火灾垂直蔓延的主要途径，易助长火势，扩大灾情，如果燃烧条件具备，整个建筑物顷刻间便可能形成一片火海。

(3) 自然—机械联合通风。自然—机械联合通风是指自然因素和通风机械设备联合作用而形成的通风现象，也就是在自然因素作用而形成的空气流动区域，通过通风机械设备使得空气按人为方向流动的方法。此外，自然－机械联合通风方法中，有时自然因素和通风机械设备共同促使空气按人为方向流动，有时自然因素则阻止空气按人为方向流动，在通风设计时应当注意。

82. 工业通风按照其机械设备可分为哪几种?

按通风机械设备工作方法，工业通风可分为抽出式通风、压入式通风、混合式通风。

(1) 抽出式通风。通风机械设备产生负压或真空后，待通风换气区域的污浊空气由通风机械设备吸出并送出外界，这种通风方法称为抽出式通风。其特征是，待通风换气区域的空气压力低于外界空气压力，通风设备的入口与待通风换气的区域相连，通风设备的出口与外界空气相连，待通风换气区域的新鲜空气通过通风机械设备产生负压或真空来补充。在地面通风中，抽出式通风也称为排风或吸风。

(2) 压入式通风。将通风机械设备提供的大于外界空气压力的空气送入到待通风换气区域的通风方法称为压入式通风。其特征是，待通风换气区域的空气压力大于外界空气压力，通风设备的出口与待通风换气的区域相连，通风设备的入口与外界空气相连。在地面通风中，压入式通风也称为送风。

(3) 混合式通风。混合式通风是压入式和抽出式两种通风方法的联合运用，兼有压入式和抽出式的特点，其中，压入式将通风机械设备提供的大于外界空气压力的新鲜空气送入待通风换气区域，抽出式由通风机械设备将待通风换气区域的污浊空气吸出并送入外界。

55

83. 用于通风的机械设备如何分类?

常用的通风机械设备的分类主要有以下几种:

(1) 按产生风流的方式,通风机械设备可分为叶轮旋转式通风机和流体射流通风器。叶轮旋转式通风机通过电机使得叶轮旋转而产生风量、风压,也就是通常所称的通风机。流体射流通风器通过一定压力的液体或气体在风管中喷射后的射流卷吸作用而产生风量、风压,效率比较低,但它无机械运转设备。叶轮旋转式通风机比流体射流通风器效率高,应用非常广泛。在一定场合下,如在有爆炸性气体或粉尘的场所,应保证完全无碰撞,无摩擦火源,此时流体射流通风器就显示出其优越性。

(2) 按产生空气压力的高低,通风机械设备可分为通风机和鼓风机。通风机排气压力低于 11.27×10^4 帕,鼓风机排气压力在 34.3×10^4 帕范围内。

(3) 按气流运动方向可分为:

1) 离心式通风机。使气流轴向进入旋转的叶片通道,在离心力作用下气体被压缩并沿着径向流动的通风机。

2) 轴流式通风机。气流轴向进入风机叶轮后,在旋转叶片的流道中又沿着轴线方向流动的通风机。相对于离心式通风机,轴流式通风机具有流量大、体积小、压头低的特点,用于有灰尘和腐蚀性气体场合时需注意。

3) 横流式通风机。横流式通风机也称贯流式通风机。其内有一个筒形的多叶叶轮转子,气流沿着与转子轴线垂直的方向,从转子一侧的叶栅进入叶轮,然后穿过叶轮转子内部,通过转子另一侧的叶栅,将气流排出。这种风机具有薄而细长的出口截面,不必改变流动方向，适于装置在扁平或细长形的设备里。横流式通风机动压较高，气流不乱，但效率较低。

4）混流式（斜流式）通风机。混流式通风机的叶轮轮毂和主体风筒的形状为圆锥形，气流的方向处于轴流式和离心式之间，气体以与叶轮主轴成某一角度的方向进入旋转叶道，沿倾斜方向流出，近似沿锥面流动，故称为斜流式（混流式）通风机。这种通风机兼有轴流式和离心式风机的特点，其压力系数比轴流式风机高，而流量系数比离心式风机高。

（4）按通风机械服务范围，通风机械设备可分为主要通风机和局部通风机。主要通风机是指为整个通风系统服务的通风机，局部通风机是指为通风系统局部地段服务的通风机。以矿井为例，安设在地面为整个矿井服务的通风机为主要通风机，为矿井施工地点服务的通风机为局部通风机。

（5）按用途分类，一般可分为以下几种：

1）一般通风换气用通风机。这种通风机只适宜输送温度低于80℃的通风换气。这类通风机一般是供工厂及各种建筑物通风换气或采暖通风使用，要求压力不高，但噪声要低，可采用离心式或轴流式通风机。

2）行业专用通风机。由于各个行业、场所对风压、风量等的要求有区别，且需要量也较大，因此，形成了行业专用通风机，如矿用通风机、隧道用通风机、船用通风机、粮食加工用通风机、工业炉用通风机、纺织空调用通风机。

3）特殊要求通风机。由于很多场所存在高温气体、爆炸性气体、腐蚀性气体及粉体类物质，因此，对通风机也有特殊要求。特殊要求通风机主要有防爆通风机、防腐通风机、高温通风机、粉体用通风机等。

4）其他类型通风机。其他类型通风机是指上述未提及的专用通风机。如用于各类建筑物室内换气，安装于建筑物屋顶上的屋顶通风机，其材料可用钢或玻璃钢制作，有离心式和轴流式两种。再如空调用通风机、冷却塔用通风机等。

目前，通风机主要向高效率、低噪声、大型化、系列化、调节自动化方向发展。

84. 离心式通风机工作原理是怎样的?

离心式通风机一般由前导器、进风口、工作轮、螺形机壳、主轴、排气口等部分组成，如图3—1所示。工作轮是对空气做功的部件，由呈双曲线型的前盘、呈平板状的后盘和夹在两者之间的轮毂以及固定在轮毂上的叶片组成，进风口有单吸和双吸两种，在进风口与叶（动）轮之间装有前导器（有些通风机无前导器），使进入叶（动）轮的气流发生预旋绕，以达到调节性能的目的。气体在离心通风机内的流动如图3—1所示，叶轮安装在蜗壳内，当电机通过传动装置带动叶轮旋转时，气体经过进气口轴向吸入，叶片流道间的空气随叶片

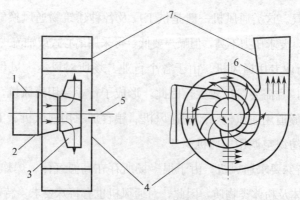

图3—1　离心式通风机的构造
1—前导器　2—进风口　3—工作轮　4—螺形机壳
5—主轴　6—排气口　7—出口扩散器

旋转而旋转，获得离心力，然后气体约折转90度变为垂直于通风机轴的径向运动，流经叶轮叶片构成的流道间（简称叶道），经叶端被抛出叶轮，进入螺形机壳，螺形机壳将叶轮甩出的气体集中、导流，速度逐渐减小，压力升高，然后从通风机出气口或出口扩散器排出。与此同时，在叶片入口（叶根）形成较低的压力（低于进风口压力），于是，进风口的风流便在此压差的作用下流入叶道，自叶根流入，从叶端流出，如此源源不断，形成连续的流动。

85. 轴流式机械通风机工作原理是怎样的？

轴流式通风机典型结构简图如图3—2所示，轴流式通风机主要由进风口、叶轮、整流器、风筒、扩散（芯筒）器和传动部件等部分组成。进风口是由集流器与整流罩构成的断面逐渐缩小的进风通道，使进入叶轮的风流均匀，以减小阻力，提高效率。叶轮的作用是增加空气的全压，叶轮由固定在轴上的轮毂和以一定角度安装其上的叶片

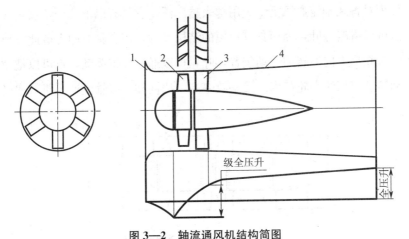

图3—2　轴流通风机结构简图

1—集风器　2—叶轮　3—导叶　4—扩散筒

组成，可分为一级和二级叶轮两种，叶片的形状为中空梯形，横断面为翼形，沿高度方向可做成扭曲形。整流器安装在每级叶轮之后，为固定轮，其作用是整直由叶片流出的旋转气流，减小动能和涡流损失。环形扩散（芯筒）器是使从整流器流出的气流逐渐扩大到全断面，部分动压转化为静压。

当叶（动）轮旋转时，气体从集风器轴向进入，翼栅即以圆周速度移动。处于叶片迎面的气流受挤压，静压增加；与此同时，叶片背面的气体静压降低，翼栅受压差作用，但受轴承限制，不能向前运动，于是叶片迎面的高压气流流入导叶，导叶将一部分偏转的气流动能变为静压能，最后气流通过扩散筒将一部分轴向气流动能转变为静压能，然后从扩散筒轴向流出。而翼背的低压区"吸引"叶道入口侧的气体流入，形成穿过翼栅的连续气流。

在二级叶轮的轴流通风机中，有一种将一个叶轮装在另一个叶轮的后面，而叶轮的转向彼此相反的对旋式轴流通风机（图3—3）或称为对置式轴流通风机，应用越来越广泛，它具有以下几个特点：一是可以省略导叶，因而具有较短的结构尺寸，但它具有两个彼此分离的按相反方向回转的驱动装置，叶轮可以通过皮带驱动，也可以把驱动装置直接装在轮毂内。二是效率高，比同样二级轴流通风机效率高

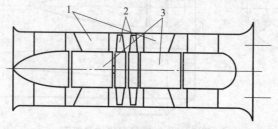

图3—3　对旋式轴流通风机结构
1—支撑板　2—叶轮　3—电机

$6\%\sim8\%$。三是反风性能好，一般动叶固定的风机反风量约为 40%，而对旋式轴流通风机的反风量可达 $60\%\sim70\%$。这种风机主要用于矿山、隧道、船舶的换气通风以及风洞、冷却塔和锅炉。

86. 什么是通风机的工况点?

所谓通风机的工况点，即风机在某一特定转速和工作风阻条件下的工作参数，如风压、风量、风机轴功率等。当风机以某一转速在某一固定风阻的风路上工作时，可测算出一组工作参数：风压、风量、功率和效率，这就是该风机在风路此风阻时的工况点。改变管网的风阻，便可得到另一组相应的工作参数，通过多次改变管网风阻，可得到一系列工况参数。

87. 集气罩可分为哪几类?

为防止生产过程产生的有害物质扩散和传播，通常通过设置集气罩来控制或排除有害物质。集气罩也称为排风罩，其形式多样，按其作用原理可分为密闭罩、外部吸气罩、槽边吸气罩、接受式吸气罩、吹吸罩等基本类型，其中，密闭罩又分为全密闭罩、半密闭罩、柜式集气罩。

88. 什么是全密闭罩? 其工作原理是什么?

全密闭罩是把有害物源全部密闭在罩内，隔断生产过程中形成的有害物与作业场所二次气流的联系，以防止粉尘等有害物随气流传播到其他部位。全密闭罩上一般均设有较小的吸风口（或称工作孔），以便能观察罩内工作情况，如图 3—4 所示。因为全密闭罩结构并不严密（有孔或缝隙），在全密闭罩内，设备及物料的运动（如碾压、

图 3—4　全密闭罩

摩擦等）使空气温度升高，压力增加，于是罩内形成正压，粉尘或其他有害物沿孔隙冒出。为此在罩内还必须排风，使罩内形成负压，这样可以有效地控制有害物质外流。

全密闭罩只需较小的吸风量就能在罩内造成一定的负压，有害物的扩散效果好，并且全密闭罩气流不受周围气流的影响，在设计中应优先考虑选用。它的缺点是人员不能直接进入罩内检修设备，有时看不到罩内的工作情况。

89. 全密闭罩分为哪几类?

全密闭罩的形式较多，可分为以下三类：

（1）局部密闭罩。将有害物源部分密闭，工艺设备及传动装置设在罩外，如图 3—5 所示。这种密闭罩罩内容积较小，所需抽气量较小，工艺设备大部分露在罩外，方便操作和设备检修。适用于含尘气流速度低、瞬时增压不大，且集中连续散发的地点，如转载点等。

（2）整体密闭罩。即将产生有害物的设备大部分或全部密闭起来，只把设备的传动部分设置在罩外，如图 3—6 所示。其特点是密闭罩本身为独立整体，易于密闭，通过罩外的观察孔监视设备，

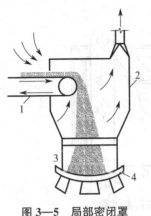

图 3—5　局部密闭罩
1—转运皮带　2—密闭罩
3—挡板　4—受料皮带

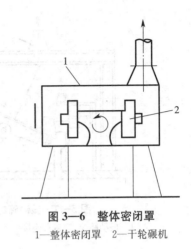

图 3—6　整体密闭罩
1—整体密闭罩　2—干轮碾机

设备传动部分的维修在罩外进行。一般适用于有振动且气流速度较大的场合。

（3）大容积密闭罩。即将有害物源及传动机构全部密闭起来，形成独立小室，如图 3—7 所示。其特点是罩内容积大，可以缓冲气流，减少局部正压。通过罩外的观察孔监视设备，设备传动部分的维修在罩内进行。这种方式适用于具有振动、多点、阵发性、污染气流速度大的设备或地点。

应当指出，设置全密闭罩时，一方面要保证罩内负压，另一方面还要避免物料过多地顺排风系统排出。为此，对于全密闭罩形式，罩内吸风口的位置、吸风速度等要选择得当、合理；合理地组织罩内气流，排风点应设在罩内压力最高的部位，以利于消除正压；排风口不能设在含尘气流浓度高的部位或测区内，也不宜设在物料集中地点和飞溅区内；设置的密闭罩，应不妨碍工艺生产操作和方便检修；罩口风速不宜过高，筛落的极细粉尘的速度应为 0.4～0.6 米/秒，

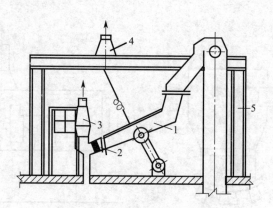

图 3—7　振动筛的大容积密闭罩
1—振动筛　2—帆布连接头　3、4—吸气罩　5—密闭罩

粉碎或磨碎的细粉的速度应小于 2 米/秒，粗颗粒物料的速度应小于
3 米/秒。

90. 什么是半密闭罩和柜式集气罩？其工作原理是什么？

半密闭罩或柜式集气罩与密闭罩基本相似，柜式集气罩又称通风
柜。当工艺生产条件不允许对污染源全部密闭，而只能大部分密闭
时，可采用半密闭罩或柜式集气罩，如在粉料装袋、喷漆、打磨、抛
光等作业中常常使用半密闭罩。从某种角度看，半密闭罩或柜式集气
罩是密闭罩的一种特殊形式。半密闭罩或柜式集气罩与密闭罩的不同
点是吸风口大小及其是否在罩内操作。密闭罩的吸风口很小，平时不
在罩内操作；柜式集气罩的吸风口比密闭罩大，产生有害物的操作完
全在罩内；半密闭罩的吸风口又比柜式集气罩大，一般情况下，半密
闭罩有一面全部或大部分敞开，形成大面积的孔口，人员在罩内操作。

半密闭罩和通风柜的种类很多又较为相似，按罩内作业过程是否
放热可分为热过程和冷过程两种。按罩内吸气口的位置又可分为上部

吸气、下部吸气和上下同时吸气三种。一般来说，上部吸气式结构简单，当罩内产生的有害气体密度比空气小，或当罩内存在发热体时，应选择上部吸气式。当柜内无发热体，且产生的有害气体密度比空气大，罩内气流下降时，应选择下部吸风式，且下部吸风口可紧靠工作台面或距工作台面有一定的距离。上下同时吸气式使用灵活、适用性强，但结构比较复杂，所以，在罩内发热体发热量不稳定或产生密度大小不等的有害气体条件下选用此类型。

91. 什么是外部集气罩？其工作原理是什么？

由于工艺条件限制，生产设备不能密闭时，可把集气罩设在有害物源附近，依靠风机在罩口造成的抽吸作用，在有害物散发地点造成一定的气流运动，把有害物吸入罩内，这类吸风罩统称为外部集气罩。

当污染气流的运动方向与罩口的吸气方向不一致时，需要较大的吸风量。外部集气罩种类多样，按集气罩与污染源的相对位置可将其分为四类：上部集气罩、下部集气罩、侧边吸气罩和槽边集气罩，如图3—8所示。其中，槽边集气罩专门用于各种工艺槽，如电镀槽、酸洗槽等。它是为了不影响人员操作而在槽边上设置的条缝形吸气口。槽边集气罩分为单侧和双侧两种。目前常用的槽边集气罩有平口式、条缝式和倒置式。平口式槽边集气罩因吸气口上不设法兰边，吸气范围大，但当槽靠墙布置时，如同设置了法兰边，吸气范围减少，排风量会相应减少。条缝式槽边集气罩的特点是截面高度较大（截面高度不小于250毫米的称为高截面；截面高度小于250毫米的称为低截面），如同设置了法兰边，吸气范围减少，故吸风量比平口式小。它的缺点是占用空间大，对手工操作有一定影响。

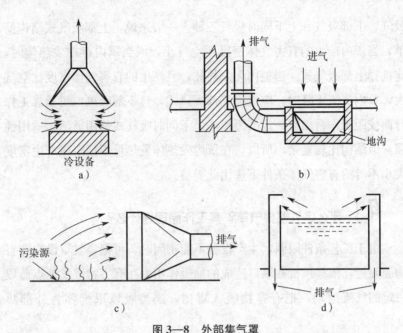

图 3—8 外部集气罩

a) 上部集气罩 b) 下部集气罩 c) 侧边吸气罩 d) 槽边集气罩

92. 什么是接受式集气罩? 其工作原理是什么?

某些生产过程或设备本身会产生或诱导一定的气流运动,而这种气流运动的方向是固定的,只需把集气罩设在污染气流前方,污染气流便可借助自身的流动能量进入罩内排出,这类集气罩称为接受罩。顾名思义,接受罩只起接受作用,污染气流的运动是生产过程本身造成的,而不是由于罩口的抽吸作用造成的。接受罩接受的气流可分为粒状物料高速运动时所诱导的空气流动(如砂轮机等)和热源上部的热射流两类,故接受罩分为热源上部接受罩和诱导空气接受罩,图3—9a为热源上部的伞形接受罩,图3—9b为捕集砂轮磨削时抛出的磨屑及粉尘的诱导空气接受罩。

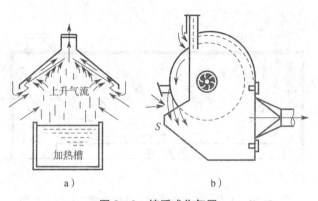

上升气流

加热槽

a)

S

b)

图 3—9　接受式集气罩

a）热源上部接受罩　b）诱导空气接受罩

93. 什么是吹吸式集气罩？其工作原理是什么？

外部吸气罩罩口外的气流速度衰减很快，因此，罩口至有害物源距离较大时，使用外部吸气罩需要较大的排风量才能在控制点造成所需的控制风速。因此，可以利用射流作为动力，把有害物输送到集气罩口再由其排除，或者利用射流阻挡以控制有害物的扩散。这种把吹和吸结合起来的通风方法称为吹吸式通风。由于吹吸式通风依靠吹、吸气流的联合工作进行有害物的控制和输送，它具有风量小、污染控制效果好、抗干扰能力强、不影响工艺操作等特点，近年来在国内外得到广泛的应用。图 3—10 是大型电解精炼车间采用吹吸气流控制有害物的示意图，在基本射流作用下，有害物被抑制在人员呼吸区以下，最后由屋顶上的送风口供给操作人员新鲜空气，在车间中部有局部加压射流，使整个车间的气流按预定路线流动，采用这种通风方式，污染控制效果好，进、回风量少。图 3—11 是吹吸气流用于金属熔化炉的示意图，在热源前方设置吹风口，使操作人员和热源之间组成一道气幕，同时利用吹出的射流诱导污染气流进入上部接受罩。

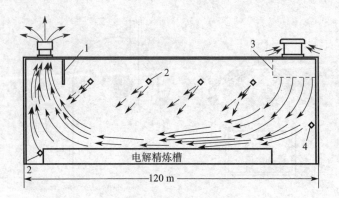

图 3—10　大型电解精炼车间采用吹吸气流控制有害物
1—屋顶排气机组　2—局部加压射流　3—屋顶送风口　4—基本射流

图 3—11　吹吸气流用于金属熔化炉

94. 什么是风筒? 如何分类?

风筒是指用一定材料制作成一定断面形状的通风风道,它也称为导风设施。对风筒的基本要求是漏风小、风阻小、质量轻、拆装简便。

工业通风除尘中使用的风筒可分为刚性和柔性两大类。

(1) 柔性风筒。柔性风筒主要有胶布风筒、塑料风筒(塑料软管)、弹簧可伸缩胶布风筒、金属软质风筒(金属软管)、橡胶风筒

（橡胶软管）等。胶布风筒、塑料风筒通常用橡胶布、塑料制成，弹簧可伸缩胶布风筒采用金属整体螺旋弹簧钢圈为骨架，与橡胶布合成制成。普通胶布风筒常用的规格见表3—1，其最大的优点是轻便、可伸缩、拆装和搬运方便，是矿山、隧道施工压入式通风应用最广泛的一种风筒，但它不能用于抽出式通风。弹簧可伸缩胶布风筒既可承受一定的负压，又具有可伸缩、拆装和搬运方便的特点，比铁风筒质量轻，使用方便，一般用于矿山、隧道施工中的抽出式通风及混合式通风，但价格比普通胶布风筒贵。金属软管用特殊金属材料制成，如铝箔伸缩软管是在柔性的优质铝箔软管内用高弹性螺旋形镀铜或镀锌钢丝贴绕而成的，美观大方、可伸缩和拐弯，价格较贵，一般用于美观要求较高和有其他特殊要求的地面空调、通风工程。

表 3—1　　　　　　　　　　胶布风筒规格参数

直径（毫米）	节长（米）	壁厚（毫米）	风筒质量（千克/米）	风筒断面（米²）
300	10	1.2	1.3	0.071
400	10	1.2	1.6	0.126
500	10	1.2	1.9	0.196
600	10	1.2	2.3	0.283
800	10	1.2	3.2	0.503
1 000	10	1.2	4.0	0.785

　　（2）刚性风筒（风管）。刚性风筒一般由硬质材料制成，在各行各业均有应用。刚性风筒既可用于通风机的吸入段，又可用于通风机的压出段，地面作业一般称为通风管道，简称风管。通风管道的断面形状有圆形、矩形、异形三种，异形风管还包括螺旋形风管、椭圆形风管。选择断面形状时，一般情况下先选圆形，在特殊条件、特殊要求时选矩形、异形。通风工程常用的钢板厚度是0.5～4毫米。用作

风管的材料很多，主要有以下两大类：一是非金属材料，如玻璃钢、硬聚氯乙烯塑料板、砖、混凝土、炉渣石膏板、木板、胶合板或纤维板、石棉板、陶瓷板等。二是金属材料，如普通薄钢板、镀锌钢板、不锈钢板、铝板和塑料复合钢板，其优点是易于工业化加工制作、安装方便、能承受较高的温度。金属风筒摩擦阻力系数 α 见表 3—2。

表 3—2 金属风筒摩擦阻力系数 α

风筒直径（毫米）	200	300	400	500	600	800
$\alpha \times 10^4$（牛·秒²/米⁴）	49	44.1	39.2	34.3	29.4	24.5

95. 各类风筒如何连接？

风筒连接部件包括风筒接头、变径管、三通、四通、弯头及与风机的连接件等。

柔性风筒的接头方式有单反边接头、双反边接头、活三环多反边接头、螺圈接头等多种形式，带刚性骨架的柔性风筒采用快速接头软带。上述几种柔性风筒接头的结构形式、连接方式最简单，但漏风大。反边接头漏风较小，不易胀开，但局部风阻较大。后两种接头漏风小、风阻小，但易胀开，拆装比较麻烦，常在长距离通风时采用。

刚性风筒（风管）一般采用法兰盘连接，为保证法兰连接的密封性，法兰间应加衬垫，衬垫厚度为 3～5 毫米，衬垫应与法兰齐平，不得凸入管内。衬垫材料随输送气体性质和温度而变化：①输送气体温度不超过 70℃的风管，采用浸过干性油的厚纸垫或浸过铅油的麻辫。②除尘风管应采用橡胶垫或石棉绳。③输送气体温度超过 70℃的风管，必须采用石棉厚纸垫或石棉绳。

一般来说，地面管道通风的局部阻力可占总阻力的 40%～80%，因此，变径管、三通、四通、弯头及与风机的连接件要充分考虑尽可能减少局部阻力。

96.什么是管道通风阀门？如何分类？

用于控制管道风流大小和方向的设施称为管道通风阀门，或称管道通风闸门。在实际管道通风系统中，为使风机经济运行而调节通风机工况点，或为了避免污浊空气袭击某些其他系统，都需要使用管道通风阀门，因此它是风筒通风系统重要的部件。风管中的通风阀门有时也简称管道风门。

根据其功用，通风阀门可分为关闭通风阀门、调节通风阀门、换向通风阀门、防火阀门、防爆阀门。根据断面形状，可分为圆形、矩形、异形通风阀门。根据控制方式，可分为手动通风阀门、机械通风阀门、自动通风阀门。按动作方式，可分为蝶阀、多叶调节阀、插板阀、止回阀、三通调节阀等。蝶阀一般用在分支管或空气分布器的风口前，用于风量调节，它是以改变阀板的转角来调节风量的，蝶阀由短管、阀板、调节装置三部分组成。斜插板风阀多用于除尘系统，安装时应考虑使其不积尘。在通风空调系统，为防止通风机停止运转后气流倒流，常用止回阀。止回阀在通风机开动后，阀板在风压作用下会自动打开，而通风机停止运转后阀板自动关闭。

圆形关闭通风阀门的门扇与主轴连接成一整体，主轴一端与门框一端轴座活动连接，主轴另一端伸出管外与传动机构相连，门框设有保证挡板全开时的挡钉，阀门门扇活动角为 90 度。关闭或开启时，通过传动机构及主轴带动门扇转动，达到阀门关闭或开启目的。动作过程与矩形通风阀门基本相似。

矩形机械调节挡板通风阀门由挡板门本体、电动（或气动）执行机构、密封空气入口阀、风机、电加热器、控制系统及相关管路附件组成。挡板门一般由几组叶片构成，挡板之间、挡板和门框间设有不锈钢密封板，挡板的启闭靠电动（或气动）执行器通过连杆机构来执行。

防火调节阀门是大型建筑和工业厂房通风空调系统中必不可少的重要部件。当发生火灾时，防火调节阀门可切断气流，防止火灾蔓延，因此阀板开启与否，应有信号给出明确的指示。阀板关闭后不但有指示信号，还应打开与通风机连锁的接点，使其停止运转，目前防火阀的生产企业必须经过公安消防部门的审批认可方能生产。

97. 什么是送风器? 常见送风器有哪几种?

送风器又称送风口或称空气分布器，是压入式通风系统向工作空间输送新鲜空气的设施，一般可根据需要调节经过的风量。地面通风中的送风器形式较多，包括侧式送风器、散流器、孔板送风器、喷射式送风器、旋流送风器等。其中侧式送风器、散流器又有多种形式。

常见送风器有孔板送风器、喷射式送风器和旋流送风器。

（1）孔板送风器（孔板送风口）是将顶棚上的空间作为送风静压箱（或另外安装静压箱），空气在箱内静压作用下通过在金属板上开设的大量孔径为4～10毫米的小孔，大面积地向室内送风。

（2）喷射式送风器（喷射式送风口）有较小的收缩角度，并且无叶片遮挡，因此，喷口的噪声低、紊流系数小、射程长。为了提高喷射送风口的使用灵活性，可将其制成既能调方向又可调风量的形式。

（3）典型的旋流送风器由出口格栅、集尘箱和旋流叶片组成，送风经旋流叶片切向进入集尘箱，形成旋转气流由格栅送出。送风气流与室内空气混合好，速度衰减快，格栅和集尘箱可以随时取出清扫。

98. 什么是地面全面通风设施？主要包括哪些组成部分？

地面全面通风设施是指无须制作风筒而利用建筑物作为通风风道来全面通风的隔断、引导和控制风流的设施。地面全面通风设施主要包括避风天窗、避风风帽、侧窗、屋顶集气罩等。其中，避风天窗、侧窗、避风风帽为自然通风设施，而屋顶集气罩为集气罩的一种特殊形式。

（1）侧窗。在夏季，利用下部侧窗进风，上部侧窗排风。

1）侧窗有两种形式。中悬式开启角度达85度，局部阻力系数很小，一般用于有大量余热的热加工车间。上悬式开启角度较小（30度左右），且局部阻力系数很大，只能用于自然通风量不大，而对采光面积要求较大的冷加工车间。

2）在高温车间，进风侧窗一般采用竖轴板式，因其进风面积大，进风量亦大，有利于通风换气。

（2）避风天窗。地面建筑物采用自然通风时，在风压作用下，普通天窗往往在迎风面上会发生倒灌现象，使建筑物气流原组织受到破坏，不能满足安全卫生要求。因此，当出现这种情况时必须及时关闭迎风面天窗，只能依靠背风面天窗进行排风，这样既增加了天窗面积，又给管理带来很多不便。为了让天窗能保持排风性能，不发生倒灌，需采取一定的措施，如在天窗上加装挡风板，以保证天窗的排风口在任何风向时均处于负压区而顺利排风，这种天窗称为避风天窗。

常用的避风天窗主要有以下几种：

1）矩形天窗。矩形天窗挡风板一般高度为 $1.1\sim1.5$ 倍的天窗高度，其下缘至屋顶设 100 毫米的间隙。这种天窗采光面积较大，窗孔多集中在中部，当热源集中在中间时热气流能迅速排除，但其造价高，结构复杂。值得一提的是，由于室外风向不稳定，两侧的天窗均应设置挡风板。

2）曲（折）线型天窗。这种天窗将矩形天窗的竖直板改成曲（折）线结构，特点是阻力小，产生的负压大，通风能力强。

3）女儿墙天窗。当厂房屋顶坡度小于 1/10，且边跨外墙与天窗的距离不超过天窗高度的 5 倍时，可以加高边跨外墙，即采用女儿墙代替挡风板。女儿墙上缘高度应比天窗顶面延长线低 100～150 毫米。

4）下沉式天窗。这种天窗是利用屋架上下弦之间的空间，让屋面部分下沉而形成的。下沉式天窗对厂房高度的要求比矩形天窗低 2.5 米，节省挡风板和天窗架，但天窗高度受屋架的限制，排水也较困难。

选择天窗时，应当根据不同地区及不同性质的厂房，选用结构简单、不用开关或便于开关，空气动力性能好、阻力小、通风量大、造价低的天窗。此外，还应考虑采光、遮阳及避雨等要求。

（3）避风风帽。避风风帽是在普通风帽的外围增设一圈挡风板而制成的，避风风帽的作用与避风天窗基本相同，其目的是减少风力作用下自然风压的倒灌现象，使抽出式通风系统的通风性能更稳定。避风风帽安装在自然通风系统出口，它是利用风力造成的负压，加强通风能力的一种装置。它的特点是在普通风帽的外围，增设一圈挡风圈，挡风圈的作用与避风天窗的挡风板是类似的，室外气流吹过风帽时，可以保证排出口基本处于负压区内。在自然通风系统的出口装设避风风帽，可以增大系统的抽力。有些阻力比较小的自然通风系统则完全依靠风帽的负压克服系统的阻力。

（4）屋顶集气罩。屋顶集气罩是一种特殊的高悬罩，它是布置在车间顶部的一种大型集气罩，不仅可以抽走废气，而且还兼有自然换气的作用。屋顶集气罩主要包括以下几种：

1）屋顶密闭方式。将厂房顶部视为烟囱，储留污浊气体并组织排放，可以减少处理风量。但如果储留与抽气量不平衡，就会出现污浊气体回流现象，使得作业区环境恶化。

2）顶部集气罩方式。在污浊气体排放源及吊车上方屋顶部位设置集气罩，直接抽出工艺过程中产生的污浊气体，捕集效率较高。

3）顶部集气罩与屋顶密闭共用方式。为以上两种形式的组合。捕集效率高，作业环境好，处理风量大，但设备费用高。

4）天窗开闭型屋顶密闭方式。在天窗部位增设排气罩，污浊气体量少时只能使用自然换气，当污浊气体量骤增时启用细吸气罩，可保持作业区环境良好，适用于处理阵发性污浊气体，但维护工作量大。

99. 什么是地下通风构筑物？主要包括哪些组成部分？

采矿、地下运输、人防等工程，由于生产需要，通常要对地表以下的地层开掘一定空间，并进行通风，这种通风系统一般称为地下通风。地下全面通风多以开掘的空间为通风风道，如巷道、隧道、井筒等，因此，作为地下全面通风的隔断、引导和控制风流的设施与地面及管道通风设施有所差异。地下全面通风构筑物主要指地下全面通风系统中隔断、引导和控制风流的设施。地下通风构筑物可分为两大类：一类是隔断风流的通风构筑物，如密闭、挡风墙、风帘、风门等。另一类是通过风流的通风构筑物，如通风机风硐、风桥、导风板、调节风窗等。

100. 什么是风门？主要包括哪些组成部分？

在地下通风或地面非管道通风中，有的区域往往既有隔断风流要

75

求，又有行人或通车的需要，这就要求构筑既能行人或通车又能隔断风流的设施。在地下通风或地面非管道通风风道的某一断面，在其中一部分范围安设门，其余部分用其他材料砌筑严密，则这种设施称为风门。风门一般由门扇、门轴、门框、墙垛及控制开关的辅助装置组成。按控制开关方式，风门可分为自动风门和普通风门。按服务时间，风门可分为永久风门和临时风门。永久风门是指服务时间较长（一般大于3个月）的风门，临时风门是指服务时间较短（一般小于3个月）的风门，自动风门是指能自动开关的风门，普通风门是指人工打开、自动关闭的风门。一般来说，在行人或通车不多的地方，可构筑普通风门；而在行人、通车比较频繁的空间，则应构筑自动风门。

为了保证风流稳定可靠且不漏风，对风门的主要要求有以下几点：

（1）门框要包边，沿口有垫衬，四周接触严密。门扇平整不漏风，门扇与门框不歪扭。门轴与门框要向关门方向倾斜80度～85度，门扇与门框之间呈斜面严密接触。

（2）每组风门不少于两道，通车风门间距不小于一列车长度，行人风门间距不小于5米。

（3）永久风门能自动关闭，两道门不能同时敞开，要装备闭锁装置。

（4）临时风门能自动关闭，两道门不能同时敞开，通车风门或斜巷运输的风门应有报警信号，否则要装有闭锁装置。

（5）永久风门墙垛要用不燃性材料建筑，厚度不小于0.5米，严密不漏风。墙垛平整，无裂缝、重缝和空缝。墙垛周边要掏槽，见硬顶、硬帮，与四周接实。

（6）临时风门木板设施要鱼鳞式搭接，表面要用灰、泥满抹或勾缝，墙垛四周接触严密，不漏风。

101. 通风网络应遵循哪些物理定律?

所谓通风网络,是指若干风路按照各自的风流方向、顺序相接而成的网状线路。风流在通风网络流动时,符合质量守恒定律和能量守恒定律。

通风网络中风流的基本定律包括风量平衡定律、风压平衡定律、阻力定律。

(1) 风量平衡定律。将两条风路或两条以上风路的交点定义为节点,汇合处每条支风路定义为分支,由两条或两条以上分支首尾相连形成的闭合线路称为回路。根据质量守恒定律,在稳态通风条件下,单位时间流入某节点的空气质量等于流出该节点的空气质量,或者说,流入与流出某节点的各分支的质量流量的代数和等于零。若不考虑风流密度的变化,一般取流入的风量为正,流出的风量为负,则流入与流出某节点或回路的各分支的体积流量(风量)的代数和等于零。

(2) 风压平衡定律。如果任何一回路中没有附加动力,则根据能量平衡定律,不同方向风流的风压或通风阻力必然平衡或相等。如取顺时针方向的风压为正,逆时针方向的风压为负,在没有附加动力的回路中,不同方向风流的风压或阻力代数和等于零,这就是风压平衡定律。同理,如回路中有附加动力,根据能量平衡定律,不同方向风流的风压或阻力代数和等于附加动力产生的风压的代数和。

(3) 通风阻力定律。通风阻力定律包括紊流流动局部阻力定律、阻力平方区流动的摩擦阻力定律、阻力平方区流动的总阻力定律。

102. 通风网络主要有哪几种形式? 各有何特点?

通风网络有串联风网、并联风网、角联风网和复杂风网四种形式，其中前三种为简单风网。串联风网是由两条或两条以上分支彼此首尾相连，中间没有风流分汇点的风网，如图 3—12a 所示。并联风网是由两条或两条以上具有相同始节点和末节点的分支所组成的通风网络，如图 3—12b 所示。角联风网是指内部存在角联分支的网络。角联分支（对角分支）是指位于风网的任意两条有向通路之间、且不与两通路的公共节点相连的分支，图 3—12c 中分支 5 为角联分支。复杂风网是指包含两种或两种以上简单风网的网络。

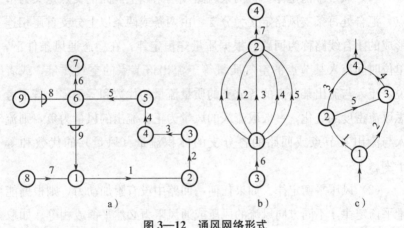

图 3—12　通风网络形式

a）串联风网　b）并联风网　c）角联风网

(1) 串联风网特性。根据风量平衡定律、风压平衡定律和阻力定律，串联风网具有以下特性：

1）如系统中无位能差和附加通风动力，总风压（阻力）等于各分支风压（阻力）之和。

2）当各分支的空气密度相等时，总风量等于各分支的风量。

3）紊流粗糙区流动的总风阻等于各分支风阻之和。

(2) 并联风网特性。根据风量平衡定律、风压平衡定律和阻力定律，并联风网具有以下特性：

1）如系统中无位能差和附加通风动力，总风压等于各分支风压。

2）当各分支的空气密度相等时，总风量等于各分支的风量之和。

3）紊流粗糙区流动的并联风网总风阻 R_s 与各分支风阻 R_i 的关系为 $R_s = \left(\sum_{i=1}^{n} R_i^{-1} \right)^{-2}$ 。

（3）紊流粗糙区流动的角联风网特性。如图 3—12c 所示，在角联风网中，角联分支的风向取决于其始、末节点间的压能值。风流由能位高的节点流向能位低的节点；当两点能位相同时，风流停滞；当始节点能位低于末节点时，风流反向。角联风网中角联分支的风向完全取决于边缘风路的风阻比，而与角联分支本身的风阻无关。角联分支的风向与风量大小均可通过改变其边缘风路的分支风阻实现。当然，改变角联分支本身的风阻也会影响其风量大小，但不能改变方向。角联分支一方面具有容易调节风向的优点，另一方面又有出现风流不稳定的可能性。因此应掌握角联分支的特性，充分利用其优点而克服其缺点。

103. 地面建筑通风系统有哪些类型？

通常，将通风风道均在地表以上的地面建筑物通风系统称为地面建筑通风系统。地面建筑通风系统有多种分类方法。本部分在前面已经介绍了三种分类方法，即按照通风的作用范围，可以分为局部通风系统、全面通风系统。按通风动力，可分机械通风系统、自然通风系统、自然－机械联合通风系统。按通风机械设备工作方法，可分为抽出式通风系统、压入式通风系统、混合式通风系统。下面介绍另外两种地面建筑通风系统常见的分类方法。

（1）根据建筑物空间的气流组织方式，可分为上进风上回风、下进风上回风、侧进风上下回风、上进风下回风、侧进风侧回风等类型。一般来说，建筑物空间的气流组织应符合以下要求：一是放散粉尘或密度比空气大的蒸气和气体，而不同时放热的空间，当从下部回风时，进风宜送至上部地带。二是放散热或同时放散热、湿和有害气体的空间，当采用上部或下部同时回风时，进风宜送至作业地带。三是当固定工作地点靠近有害物放散源，且不可能安装有效的局部通风装置时，应直接向工作地点送风。

（2）根据进、回风道的数量及通风机提供风量的大小，通风系统分为分散式、集中式、分区集中式三种形式。

1）分散式通风系统，即每处污染源均设置一台通风机进行通风排污，并形成独立通风系统。这种通风系统基本上不需敷设或只设较短的通风除尘管道，系统布置紧凑、简单，维护管理方便，但它受生产工艺条件的限制，应用面很窄。

2）集中式通风系统，即通风系统的总进风道或回风道只有一个，建筑物内通风系统的总进风或总回风仅由一台通风机提供风量。其特点是风量大、管路长、系统复杂、阻力平衡困难、初期投资大。

3）分区集中式通风系统，即根据污染物性质及位置，将污染源进行分区通风。每一分区内至少有两个或两个以上污染源，相当于一个小型集中式通风系统，分区内的进风道或回风道只有一个，并由一台通风机进行供风。而对于整个系统，至少有两台或两台以上通风机供风。分区集中式通风系统的净化器和风机应尽量靠近污染源，这种系统风管较短、布置简单，系统阻力容易平衡，但粉尘回收较为麻烦。分区集中式通风系统目前应用较多。

104. 地面建筑通风系统选择原则及其注意事项有哪些？

（1）根据建筑物空间的气流组织方式选择通风系统，一般按下列原则确定：进风口应尽量接近操作地点，进入通风房间的清洁空气要先经过操作地点，再经污染区排至室外。回风口尽量靠近有害物源或有害物浓度高的区域，以利于把有害物迅速从建筑物内排出。在整个建筑物内，尽量使进风气流均匀分布，减少涡流，避免有害物在局部区域积聚。

工程设计中，通常采用以下气流组织方式：如果散发的有害气体温度比周围气体温度高，或受车间发热设备影响产生上升气流时，不论有害气体密度大小，均应采用下进风上回风的气流组织方式。如果没有热气流的影响，散发的有害气体密度比周围气体密度小时，应采用下进风上回风的形式。散发的有害气体密度比周围空气密度大时，应从上下两个部位回风，从中间部位将清洁空气直接送至工作地带。在复杂情况下，要预先进行模型试验，以确定气流组织方式。因为通风房间内有害气体浓度分布除了受对流气流影响外，还受局部气流、通风气流的影响。

（2）根据通风系统分区选择通风系统时，应当考虑的原则包括：

1）不少情况下有多种方案可选，所以，通风系统分区时应从技术可行、经济合理角度进行多方案优选。

2）同一生产流程，运行时间相同，有害物性质相同且相互距离不远的污染源，可划为一个分区系统。对于同时生产但有害物性质不同的污染源，一般不宜合为一个分区通风系统。如果工艺生产允许不同种类粉尘混合回收处理时，也可合为一个通风除尘系统，但具有下列情况时，严禁合为一个分区通风系统：①排除水蒸气的排风点不能和产尘的排风点合为一个系统，以免堵塞管道。②不同温度和湿度的含尘气体，混合后可能引起管道内结露，不可合为一个系统。③凡混合后可能引起着火燃烧或爆炸，或会形成毒害更大的混合物或化合物时，不可合为一个系统。④因粉尘性质不同，共享一种除尘设备，除尘效果差别较大时，不可合为一个系统。⑤如果排风量大的排风点位于风机附近，不宜与远处的排风量小的排风点合为一个系统。

3）分区通风系统的吸气点不宜过多，一般不宜超过 10 个。吸气点较多时，可采用大断面的集合管连接各个支管，集合管内流速不宜超过 3 米/秒，以利于各支管间阻力平衡。由于集合管内流速低，气流中的部分粉尘容易沉聚下来，因此在管底要有清除积灰的装置。

4）通风除尘系统管网的布置，应在满足除尘要求的前提下，力求简单、紧凑、操作和检修方便，管道不积灰、磨损少，并且管路短、占地少、投资省。

5）为了便于管理和运行调节，系统不宜过大。同一个分区系统有多个分支管道时，可将这些分支管道分组控制。

6）防排烟通风系统的分区应符合防排烟通风相关要求。

在地面建筑全面通风设计过程中，应注意以下几点：一是在散发热、湿或有害物的车间优先采用局部通风，采用局部通风仍不能满足卫生要求的辅以全面通风，或直接采用全面通风。二是尽量采用自然通风方式，当自然通风达不到卫生要求或生产要求时，则应采用机械通风或自然—机械联合通风。三是设置集中供暖且可通风的生产厂房及辅助建筑物，应考虑自然补风（包括利用相邻房间的清洁空气）的可能性。当自然补风达不到室内卫生要求、生产要求或在技术及经济上不合理时，宜设置机械通风系统。

105. 营运隧道通风系统类型有哪些？应如何选择？

按照通风的作用范围，营运隧道一般采用全面通风系统。按通风动力，营运隧道一般采用自然—机械联合通风系统。营运隧道通风系统类型一般有两种分类方法，一是按通风机械设备工作方法，可分为抽出式通风系统、压入式通风系统、混合式通风系统。二是根据通风风流的流向和气流组织，铁路和公路营运隧道通风系统可分为纵向式、全横向式、半横向式、横向－半横向式通风系统。下面重点介绍纵向式、全横向式、半横向式、横向－半横向式通风系统。

（1）纵向式通风系统。这种通风系统的新鲜空气从隧道一端引入，有害气体与烟尘从另一端排出。在通风过程中，隧道内的有害气体与烟尘沿纵向流经全隧道，因此，隧道中废气浓度从隧道一端向另一端增加。根据采用的通风机械类型，又可分为洞口风道吹入式纵向通风系统与分段串联纵向通风系统。

1）洞口风道吹入式纵向通风。即由喷嘴来完成纵向通风，隧道口上方的环状间隙与隧道轴线成 15 度～20 度角，在隧道口处装设一台或多台通风机，经环状间隙将气体以 25～30 米/秒的速度吹入隧道通行区内，这些具有较高能量的气体将其能量传递给隧道内的空气，产生克服隧道阻力的动压，推动隧道内空气顺气流方向流动，完成从隧道一端进入新气而从另一端排出废气的过程。将这种方式应用于单管双车道对向行驶的隧道时，受车流影响，有时需要反向吹入完成上述过程。此时，需在另一端隧道口处设置相同的通风系统。

2）分段串联纵向通风系统。若隧道不太长，该类系统通常是将一定数量的通风机以一定间距吊挂于隧道顶部来完成整个隧道通风的。新空气由通风机一侧吸入后以 25～30 米/秒的速度从另一侧喷出，喷射气流的动能传递给隧道内气体，带动隧道内气体流动，完成从隧道一端进气而从另一端排出废气的过程。若隧道很长，该类系统一般采用竖井、斜井、平行导洞等辅助通道将隧道分成几个通风区段，进行分段串联纵向式通风。按通风机工作方法，分段纵向式通风又可分为压入式、抽出式、压-抽混合式通风系统。压入式、压-抽混合式通风系统如图 3—13 和图 3—14 所示。

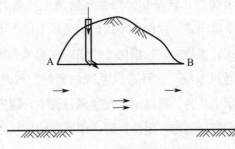

图 3—13　分段纵向压入式通风

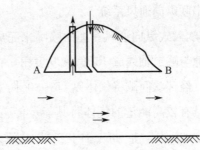

图 3—14　分段纵向压-抽混合式通风

纵向通风系统具有以下特点：①能充分发挥汽车活塞风作用，所需通风量较小。②以隧道作为通风道，规定气流速度较高，汽车驾驶人员有不适感。③无额外的通风管道，隧道断面小，工程费用低，使用也比较经济。④由于存在自然热风压，不利于控制火灾，往往需要避车道。

（2）全横向式通风系统。即用通风孔将隧道分成若干区段，新鲜空气从隧道一侧的通风孔横向流经隧道断面空间，将隧道内的有害气体与烟尘稀释后，从另一侧通风孔排出洞外，各通风区段的风流基本不流至相邻通风区段，故称为全横向式通风，如图 3—15 所示。

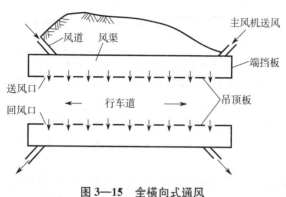

图 3—15　全横向式通风

85

此类型适合于中、长隧道，是最可靠、最舒适的一种通风系统类型。其优点是隧道纵向无气流，驾驶人员没有不适感，同时有利于防火。能保持整个隧道全程均匀的废气浓度和最佳的能见度，使新鲜空气得到充分利用。隧道长度不受限制，能适应最大的隧道长度。缺点是该类系统的投资成本和运行费用在所有通风系统类型中属于最高的。

（3）半横向式通风系统。新气由通风机经新气管道送入隧道，并沿隧道长度各个截面的通风孔进入隧道通行区内，废气则自两端隧道口逸出，如图 3—16 所示。此种通风方式一般可应用于中型（5～6千米）隧道。一般半横向通风方式在两端隧道口的风速小于 8 米/秒。半横向式通风系统的机房通常安排在两隧道口，因为沿隧道长度均设置有通风孔，而在隧道中可获得较均匀的废气浓度。其主要优点有：一是使进风管道和车道之间保持一定的压差，以抵消车辆活塞风和自然风影响，从而保证了均匀送风，使得沿车道长度方向有害气体浓度均匀分布。二是利于控制火灾蔓延和抢险，一旦在隧道内发生火灾，选择可反转的通风机可使通风风流换向。主要缺点为中隔板附近存在角联风路，这一带的通风效果较差；其投资成本和运行费用很高，仅次于全横向式。

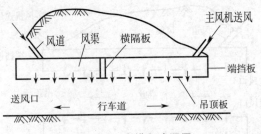

图 3—16　半横向式通风

（4）横向—半横向通风系统。这种系统中，作为压入式的通风机提供需要的全部风量，作为抽出式通风的通风机仅抽吸其中的 50%，而另外的 50% 风量由隧道口逸出。其优点是在可获得较舒适的通风状态下，投资成本及隧道营运费用均较全横向式通风低。

106. 地下巷道掘进工作面局部通风系统主要有哪几种？各有何优缺点？

地下巷道施工作业地点，习惯上称作掘进工作面。掘进工作面一般采用局部通风系统，按照通风形式分为抽出式通风系统、压入式通风系统和混合式通风系统。

（1）抽出式通风系统。地下巷道施工抽出式通风系统如图 3—17 所示。局部通风机安装在离施工巷道 10 米以外的回风侧。新风沿巷道流入，污风通过风筒由局部通风机抽出。风机工作时风筒吸口吸入空气的作用范围为有效吸程。

实践证明，在有效吸程以外的独头巷道中会出现循环涡流区，只有当吸风口离工作面距离小于有效吸程时，才有良好的有害气体吸出效果。抽出式通风的有效吸程比压入式通风的有效吸程小。

（2）压入式通风系统。压入式通风系统是地下巷道施工中应用最多的通风系统，如图 3—18 所示，局部通风机及其附属装置安装在离巷道口 10～30 米以外的新鲜风流中，并将新鲜风流输送到施工作业地点，污风沿施工隧道或巷道排出。若将风筒出口至射流反向的最远距离称射流有效射程，在有效射程以外的独头巷道中会出现循环涡流区。为了能有效地排出炮烟，风筒出口与工作面的距离应不超过有效射程。

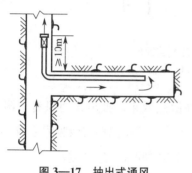 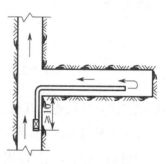

图 3—17　抽出式通风　　　　图 3—18　压入式通风

（3）混合式通风系统。混合式通风是压入式和抽出式两种类型的联合运用，其中，压入式通风机向开挖工作面吹送新鲜空气，抽出式通风机从开挖工作面吸出污染空气。其布置方式取决于开挖工作面空气中污染物的空间分布和相关机械的位置。按局部通风机和风筒的布设位置，分为长压短抽、长抽短压和长抽长压三种，长压短抽、长抽短压通风系统如图 3—19 所示。

压入式、抽出式以及混合式通风系统的优缺点比较如下：

（1）抽出式通风时，新鲜风流沿巷道进入工作面，整个施工巷道空气清新，作业环境好。压入式通风时，污风沿巷道缓慢排出，掘进巷道越长，排污风速度越小，受污染时间越久。这种情况在大断面长距离巷道施工中尤为突出。

（2）压入式通风风筒出口风速和有效射程均较大，可防止有害气

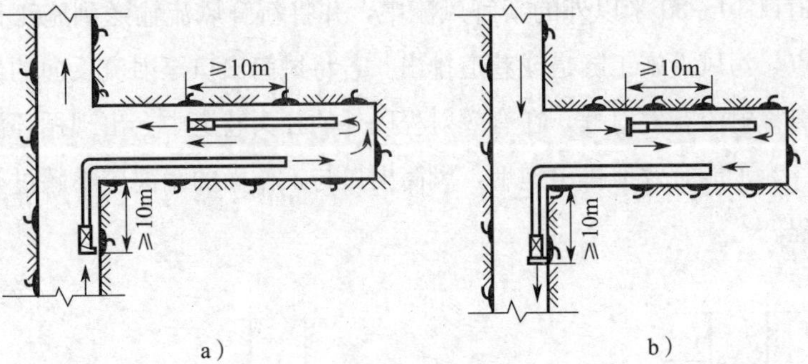

a）   b）

图 3—19　混合式通风

a）长压短抽通风　b）长抽短压通风

体层状积聚，且风速大有利于提高散热效果。抽出式通风有效吸程小，施工中难以保证风筒吸入口到工作面的距离在有效吸程之内，抽出式风量相对较少，工作面排污风所需时间长、速度慢。

（3）压入式通风可用柔性风筒，其成本低、重量轻，便于运输。抽出式通风的风筒承受负压作用，必须使用刚性或带刚性骨架的可伸缩风筒，成本高，重量大，运输不便。

（4）压入式通风的局部通风机及其附属电气设备均布置在新鲜风流中，污风不通过局部通风机，安全性好。抽出式通风系统中的污风通过通风机，若作业地点含有爆炸性气体且通风机不具备防爆性能，则是非常危险的。

因此，当以排除有害气体为主的隧道与地下巷道施工时，应采用压入式通风。当以排除粉尘为主的隧道与地下巷道施工时，宜采用抽出式通风。

（5）混合式通风兼有压入式和抽出式两者的优点，是大断面长距离岩石施工中通风效果较好的方式，其主要缺点是降低了压入式与抽出式两列风筒重叠段巷道内的风量，当施工巷道断面大时，风速就更小，则此段巷道顶板附近易形成有害气体层状积聚。因此，两台风机之间的风量要合理匹配，以免发生循环风，并使风筒重叠段内风速大于最低风速。

107. 矿井通风系统主要有哪几种? 如何选择?

矿井通风是指在地面安装一台或几台主要通风机向各作业地点供给新鲜空气，排出污浊空气，并使矿井范围内巷道和井筒空气流动。按进、回风井在井田内的不同位置，矿井通风系统可分为分散式、对角式、中央式及混合式通风系统。

（1）分散式。分散式是指在井田的每一个生产区域开凿进、回风井，分别构成独立的通风系统。优点是缩短投产工期，风流线路短，网路简单，阻力小，风流易于控制，便于主要通风机的选择。缺点是通风设备较多，管理分散。分散式矿井通风系统适用于井田面积大、储量丰富的大型矿井。

（2）对角式。对角式又分为两翼对角式和分区对角式两种。分区对角式的进风井位于井田走向的中央，在各采区开掘一个回风井，无总回风巷，如图3—20a所示。这种系统有多个独立通风路线，互不影响，便于风量调节，抗灾能力强，缺点是占用设备多、管理分散，适用于矿层埋藏浅或地表高低起伏较大的矿井。两翼对角式的进风井大致位于井田走向的中央，两个回风井位于井田边界的两翼（沿倾斜方向的浅部），称为两翼对角式，如图3—20b所示。风流在井下的流动线路是直向式，风流线路短，阻力小，内部漏风少，工业广场不受回风污染和通风机噪声的危害，缺点是井筒安全矿柱压矿较多、初期投资大，适用于井田走向较长、产量较大的矿井。

89

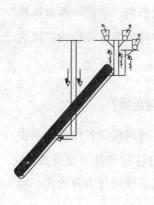
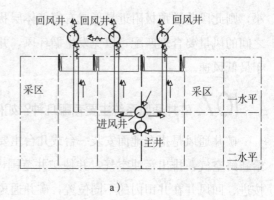

a)

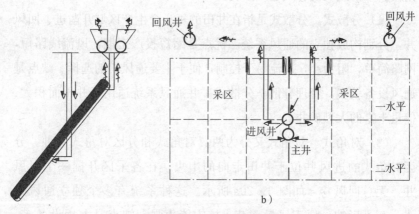

b)

图 3—20 对角式通风系统
a) 分区对角式　b) 两翼对角式

（3）中央式。中央式的进、回风井均位于井田走向中央。根据进、回风井的相对位置，又分为中央并列式和中央边界式（中央分列式），如图 3—21 所示。

中央边界式（中央分列式）的进风井大致位于井田走向的中央，回风井大致位于井田浅部边界沿走向中央，在倾斜方向上两井相隔一段距离，回风井的井底高于进风井的井底，如图 3—21a 所示。主要

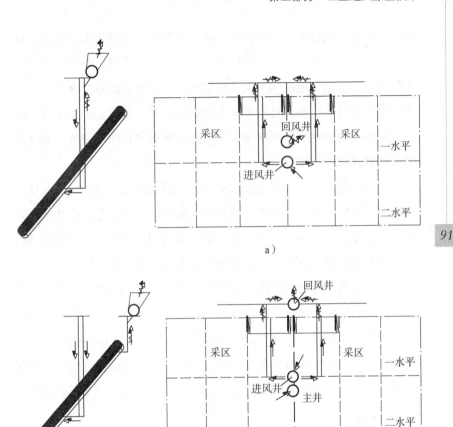

a）

b）

图 3—21　中央式通风系统

a）中央边界式　b）中央并列式

优点是通风阻力较小，其缺点是风流在井下的流动路线为折返式，风流路线较长，阻力大，适用于地层倾角较小、埋藏较浅，井田走向长度不大，爆炸性气体较多，自然发火比较严重的矿井。

中央并列式的进风井和回风井大致并列在井田走向的中央，如图3—21b 所示。优点是地面建筑和供电集中，投产期限较短，初期投资少，矿井反风容易，便于管理。缺点是风流流动路线为折返式，风流线路长，阻力大，地面工业广场受主要通风机噪声的影响和回风风流的污染。适用于地层倾角大、埋藏深，井田地层走向长度小于 4 千米，爆炸性气体不多，自然发火不严重的矿井。当冶金矿山矿脉走向不太长或受地形地质条件限制，在矿井两翼不宜开掘风井时，可使用中央并列式通风系统。

（4）混合式。混合式由上述多种方式混合组成。例如，中央分列式与两翼对角式组合，中央并列式与两翼对角式组合等。优点是通风能力大，布置较灵活，适应性强。缺点是通风设备较多，管理分散。适用于井田范围大、地质和地面地形复杂或产量大的矿井。

矿井通风系统类型的选择应根据矿井设计生产能力、矿层赋存条件、表土层厚度、井田面积、地温、爆炸性气体涌出量、矿层自燃倾向性等条件，在确保矿井安全并兼顾中、后期生产需要的前提下，通过对多个可行的矿井通风系统方案进行技术、经济比较后确定。一般来说，火灾爆炸比较严重、井田面积较大的矿井，应采用对角式通风。

108. 什么是均匀送风和置换通风？

所谓均匀送风，是指通风系统的风管把等量的空气沿风管侧壁的成排孔口或短管均匀送出。均匀送风在地面建筑压入式通风系统中应用较多。

置换通风主要在地面建筑通风中使用，它最早用在工业厂房，用以解决室内的污染物控制问题。图 3—22 所示为落地式置换通风在工业厂房的应用，置换通风器的出风以低流速向下沉降并在地面形成空气湖，在热源的浮力作用下新鲜空气向上流动，热浊的污染空气在顶部经排风口排出。下面分析置换通风原理与特征。

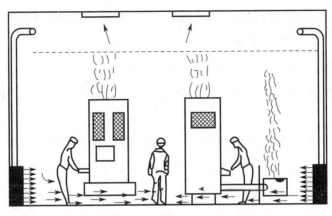

图3—22　置换通风在工业厂房的应用实例

置换通风以浮力控制为动力,在通风动力源、通风技术措施、气流分布及最终的通风效果上与其他通风方式有一定的差别。置换通风具有气流扩散浮力提升、温差小、风速低、送风紊流小、温度/浓度分层、空气品质接近于送风、送风区为层流区等特点。

109. 通风系统中如何进行风量调节?

在通风网络中,风量的自然分配往往不能满足通风设计或作业地点的风量需求,因而需要对风量进行调节。尤其对于地下及隧道作业,随着工作地点的推进和变化,通风风阻、网络结构及所需的风量均在不断变化,相应地要求及时进行风量调节。所以风量调节是移动性作业地点通风技术管理中一项经常性的工作,它对生产安全和节约通风能耗都有重大的影响。

(1)系统总风量调节。当系统风路总风量不足或过剩时,需调节总风量,采取的措施是改变主通风机的工作特性或改变风道风网的总风阻。

1)改变通风系统总风阻大小。改变通风系统总风阻大小包括降低风路总风阻、闸门调节增大风阻。降低风路总风阻是指当风道总风量不足时，如果能降低风道总风阻，不仅可增大风道总风量，而且可以降低风道总阻力。闸门调节法是指在总风道中安设调节闸门，通过改变闸门的开口大小改变风机的总工作风阻，从而调节风机的工作风量。

2）改变主通风机工作特性。通风机是通风的主要动力源，工作特性主要与风机转速、轴流式风机叶片安装角度和离心式风机前导器叶片角度等有关。利用传动装置调速或改变电机转速的方法，可以改变主通风机的叶轮转速、离心式风机前导器叶片角度或轴流式风机叶片安装角度，进而改变通风机的风压—风量特性曲线，从而达到调节通风机所在系统总风量的目的。

（2）局部风量调节。局部风量调节是指在通风系统风道内部进行的风量调节。调节方法有增阻调节法、增能调节法及减阻调节法。

1）增阻调节法。增阻调节法是一种耗能调节法，它简便易行，是目前使用最普遍的局部调节风量的方法，多利用地下风道调节风窗或管道通风调节阀门等通风调节设施来调节。

地下风道调节方法通常是预先计算调节风窗开口断面积，然后利用调节风窗可滑移的窗板来改变窗口的面积，进而改变该处的局部阻力，以调节通风系统风道的风量。管道通风的调节方法通常采用风量等比分配法和基准风口调整法将风量调节至设计要求。

2）增能调节法。增能调节法主要是采用辅助通风机等增加通风能量的方法，增加局部地点的风量，通常在系统复杂的通风系统采用。增能调节的措施主要有以下两种：

①辅助通风机调节法。它是指在需要增加风量的支路安设辅助通风机，即在需要调压的风路上安装带风门的通风机，利用通风机产生

的增风增压作用，改变风路上的压力分布，达到调整风压的目的。

②自然风压调节法。少数风路通过改变进、回风路线，降低进风流温度，增加回风流的温度等方法，增大风路或局部的自然风压，达到增加风量的目的。

3）减阻调节法。减阻调节法是通过在风路中采取降阻措施，降低风路的通风阻力，从而增大与该风路处于同一通路中的风量，或减小与其并联通路上的风量。减阻调节的措施主要有：扩大风道断面或增大阀门开启度，降低摩擦阻力系数，清除风道中的局部阻力物或更换局部设施，采用并联风路，缩短风流路线的总长度等。

减阻调节法与增阻调节法相反，可以降低风道总风阻，并增加风道总风量，但降阻措施的工程量和投资一般都较大，施工工期较长，所以一般在通风系统结构老化、原有系统明显不合理或对矿井通风系统进行较大的改造等情况下采用。另外，在矿井通风生产实际中，对于通过风量大、风阻也大的风硐及回风石门、总回风道等地段，采取扩大断面、改变支护形式等减阻措施，往往效果明显。

第四部分　除尘装置

110. 除尘装置如何分类?

（1）按照除尘装置分离粉尘的主要机理，除尘装置可分为机械式除尘装置、湿式除尘装置、过滤式除尘装置、电除尘装置、复合除尘装置及其他类型除尘装置，复合除尘装置与其他类型除尘装置属于新型除尘装置。机械式除尘装置是利用重力、惯性、离心力等作用使粉尘与气流分离沉降的装置，包括重力沉降室、惯性除尘装置、旋风除尘装置等。湿式除尘装置亦称湿式洗涤装置，它是利用液滴或液膜洗涤含尘气流，使粉尘与气流分离沉降的装置，既可用于气体除尘，亦可用于气体吸收。过滤式除尘装置是使含尘气流通过织物或多孔的填料层进行过滤分离的装置，包括袋式除尘装置、颗粒层（床）除尘装置等。电除尘装置是利用高压电场使尘粒荷电，在库仑力作用下使粉尘与气流分离沉降的装置。复合除尘装置是指复合运用上述两种或两种以上机理的除尘装置，如旋风颗粒层除尘装置、湿式旋风除尘装置、旋风静电除尘装置等。其他类型除尘装置是指除前四种除尘装置以外的除尘装置。

（2）按除尘装置除尘效率的高低，除尘装置可分为低效、中效和高效除尘装置。重力沉降室和惯性除尘装置属于低效除尘装置，一般只用于多级除尘系统中的初级除尘。电除尘装置、袋式除尘装置和文丘里除尘装置是目前国内外应用较广的三种高效除尘装置。旋风除尘装置和其他湿式除尘装置一般属于中效除尘装置。

111. 除尘装置有哪些性能指标?

除尘装置性能指标主要包括处理含尘气体量、除尘效率、阻力及某类除尘器特有指标等。

（1）处理含尘气体量。处理含尘气体量可简称为风量，是衡量除尘装置处理气体能力的指标，一般用气体的体积流量来表示。考虑到装置漏气等因素的影响，一般用除尘装置的进出口气体流量的平均值来表示除尘装置的气体处理量。

（2）除尘效率。除尘效率是表示除尘装置性能的重要技术指标，包括除尘总效率、穿透率和除尘分级效率。

1）除尘总效率。除尘总效率是指在同一时间内除尘装置捕集的粉尘数量与进入除尘装置的粉尘数量的比值。

2）穿透率。穿透率也称通过率，它是指在同一时间内，穿过除尘装置的粉尘质量与进入的粉尘质量之比。

3）分级效率。分级效率指某一粒径范围内粉尘的除尘效率。

（3）除尘装置的通风阻力。除尘装置通风阻力是其主要技术经济指标之一，它反映了除尘装置运行时的能耗。装置的压力损失越大，动力消耗也越大，除尘装置的设备费用和运行费用就越高，通常，除尘装置的压力损失即通风阻力一般控制在 2 000 帕以下。除尘装置通风阻力为除尘装置进出口的静压差、动压差和位压差之和。如除尘装置进出口不存在高差，则除尘装置通风阻力为除尘装置进出口的静压差、动压差之和，也就是除尘装置进出口的全压差。如除尘装置进出口断面相等，且不存在高差，则除尘装置通风阻力为除尘装置进出口的静压差。

112. 机械式除尘装置的类型和特点是什么？

利用重力、惯性及离心力等作用将粉尘与气体分离的设备称为机械式除尘装置，主要类型有重力除尘装置、惯性除尘装置及旋风除尘装置。

这类除尘装置构造简单，投资少，动力消耗低，造价比较低，维护管理方便，耐高温，耐腐蚀，适宜含湿量大的烟气，因而广泛应用于工业生产中。但一般来说，这类除尘装置对大粒径粉尘具有较高的分离效率，而对于小粒径尘粒的捕获率则相对较低，因而，这类除尘装置常在去除大颗粒粉尘及除尘效率要求不高的场合下使用，有时也作为多级收尘系统的前置预收尘装置。

113. 重力除尘装置的工作原理是什么？如何分类？

重力除尘装置又叫重力沉降室，它是利用尘粒与气体的密度不同，通过重力作用使尘粒从气流中自然沉降分离的除尘设备。当含尘气流从管道进入比管道横截面积大得多的沉降室时，由于横截面积扩大，气体的流速大大降低，在流速降低的一段时间内，较大的尘粒在沉降室内有足够的时间因重力作用而沉降下来，并进入灰斗中，净化气体从沉降室的另一端排出。

根据含尘气流在除尘装置内的运动状态，重力除尘装置可分为水平气流沉降室和垂直气流沉降室两种。

水平气流沉降室如图 4—1 所示，气体流速降低后，在重力和风力共同作用下，大颗粒粉尘沿重力方向沉降到灰斗中，细小粉尘和空气气流在除尘装置呈近水平运动后从沉降室的另一端排出。根据水平沉降室内部结构，水平气流沉降室又分为单层水平气流沉降室和多层水平气流沉降室。垂直气流沉降室如图 4—2 所示，为屋顶式沉降室，气体流经沉降室后，风速降低，在重力和风力共同作用下，大颗粒粉尘沿重力方向沉降到灰斗中，细小粉尘和空气气流在除尘装置继续向上或人为预先设置运动方向后从沉降室的另一端排出。垂直气流沉降室一般安装在烟囱顶部，多用于小型冲天炉或锅炉的除尘。

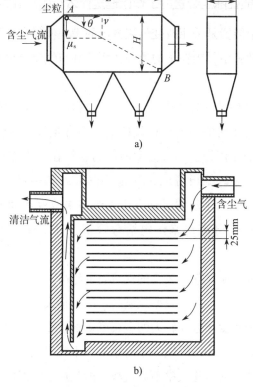

a)

b)

图 4—1　水平气流沉降室

a）单层水平气流沉降室　b）多层水平气流沉降室

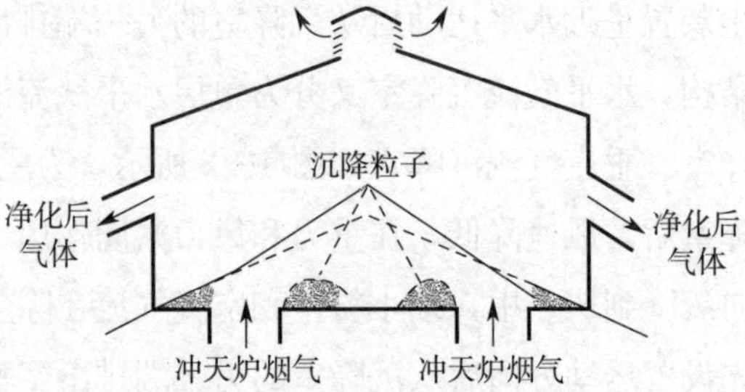

净化后气体

沉降粒子

净化后气体

冲天炉烟气　　　冲天炉烟气

图4—2　垂直气流沉降室

114. 惯性除尘装置的工作原理是什么？如何分类？

惯性除尘装置是采用改变气流方向的设施使得含尘气流急剧地改变方向，借助其中粉尘粒子的惯性作用使其与气流分离并被捕集的一种装置。

惯性除尘装置分为冲击式和回转式两种。冲击式惯性除尘装置一般是在气流流动的通道内增设挡板，当含尘气流流经挡板时，尘粒因惯性撞击在挡板上，失去动能后的尘粒在重力作用下沿挡板下落，进入灰斗中。挡板可以是单级，也可以是多级，如图4—3所示。回转式惯性除尘装置是使含尘气体多次改变运动方向并在转向的过程中把粉尘分离出来，包括弯管型、百叶窗型等类型，如图4—4所示。

一般来说，惯性除尘装置的气流速度越高，气流方向转变角度越大，转变次数越多，净化效率就越高，压力损失或阻力也越大。惯性除尘装置对于密度和粒径较大的金属或矿物性粉尘的净化具有较高的除尘效率。黏结性和纤维性粉尘易堵塞，不宜采用惯性除尘装置。由于惯性除尘装置的净化效率不高，故一般只用于多级除尘中的第一级除尘，捕集10～20微米以上的粗尘粒。

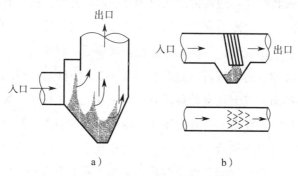

图 4—3 冲击式惯性除尘装置

a) 单级型 b) 多级型

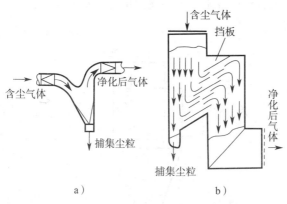

图 4—4 回转式惯性除尘装置

a) 弯管型 b) 百叶窗型

115. 旋风除尘装置的工作原理是什么？如何分类？

旋风除尘装置一般由筒体、锥体、排气管及集尘室等组成。根据含尘气流入口方式的不同，又可分为切流反转式与轴流式两种。

切流反转式旋风除尘装置如图 4—5 所示。含尘气体由除尘装置的入口高速切向进入旋风除尘装置，气流由直线运动变成沿筒壁向下的螺旋形旋转运动，通常称此气流为外旋流，外旋流向下到达锥体部分时，因圆锥形收缩而向除尘装置中心靠近。根据旋转矩不变原理，其切向速度不断提高，外旋流到达锥体底部后，转而向上，并以同样旋转方向沿轴心向上旋转（这股向上旋转的气流称为内旋流），最后经排出管排出。气流在旋转运动时，部分较大的尘粒先与装置壁接触便停止旋转，而在重力及旋转流体的带动下贴壁面向下滑落，最后从锥底排灰管排出旋风筒，其余较小颗粒在离心力作用下克服汇流阻力在筒体及锥体部分继续分离。分离后的粉尘在重力及旋转气流带动下螺旋下行，进入锥体后集于卸灰口附近，进入集尘室，部分未被分离的细粒由汇流带入逸流区并随上升气流逸出排气管。

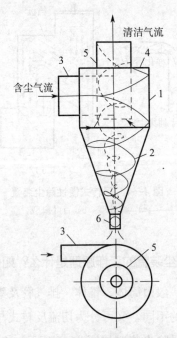

图4—5 切流反转式旋风除尘装置
1—圆筒体 2—圆锥体 3—进气管 4—顶盖 5—排气管 6—排灰管

国内常见的旋风除尘装置主要是切流反转的圆筒体式、旁路式、扩散式和轴流组合式多管旋风除尘装置。

（1）圆筒体切流反转旋风除尘装置。这种除尘装置应用最早，其结构如图 4—5 所示，结构简单，制造容易，压力损失小，处理气量大，但除尘效率不高，其他各种类型的旋风除尘装置都是由它改进而来。含尘气体入口速度在 10～18 米/秒范围内，压力损失较大，除尘效率为 80%～90%，适用于除去密度较大的干燥的非纤维性粉尘，主要用于冶炼、铸造、喷沙、建筑材料、水泥、耐火材料等工业除尘。

（2）旁路式切流反转旋风除尘装置。如果除尘装置按图 4—6 所示的形式布置，会形成明显的上涡旋，细小粉尘在除尘装置顶部积聚形成上灰环，经排出管排走，除尘效率低。为了消除上涡旋造成的上灰环影响，旁路式旋风除尘装置在圆筒体上设置一个专门的旁路分离室，与锥体部分相通。处于上涡旋和外涡旋分界面上的粉尘产生强烈的分离作用，较粗的粉尘趋向外壁，然后沿外壁由下涡旋带至除尘装置底部，另一部分细小尘粒由上涡旋气流带至上部而形成强烈的灰环，导致细小粉尘集聚。在圆锥处负压作用下，上涡旋的部分气流夹带粉尘一起进入旁路，粉尘在旁路出口处分离出来进入灰斗，利用这一原理制成了多种形式的旁路式旋风除尘装置。旁路的设置不是随意的，要经过实验研究确定其合理的尺寸。使用时要十分注意旁路的积灰问题，严格防止旁路堵塞。对于黏结性强的粉尘，旁路易被堵塞，应避免采用此种除尘装置。

（3）扩散式切流反转旋风除尘装置。这种旋风除尘装置如图 4—7 所示，其结构特点是在装置体下部安装有倒圆锥和圆锥形反射屏（又称挡灰盘）。在扩散式旋风除尘装置中，含尘气流进入除尘装置后，

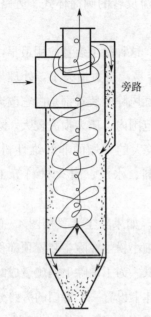 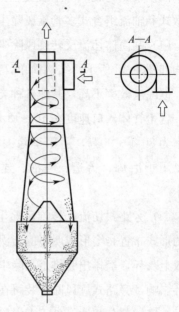

图4—6　旁路式切流反转　　　　　图4—7　扩散式切流反转
　　　旋风除尘装置　　　　　　　　　　旋风除尘装置

从上而下旋转运动，到达锥体下部反射屏时，已净化的气体在反射屏的作用下，大部分折转形成上旋气流从排出管排出，紧靠装置壁的少量含尘气流由反射屏和倒锥体之间的环隙进入灰斗。进入灰斗后的含尘气体由于流道面积大，速度降低，粉尘得以分离，净化后的气流由反射屏中心透气孔向上排出，与上升的主气流汇合后经排气管排出。反射屏可防止返回气流重新卷起粉尘，提高了除尘效率。扩散式旋风除尘装置对入口粉尘负荷有良好的适应性，进口气流速度为10～20米/秒，压力损失为900～1 200帕，除尘效率在90%左右。

（4）轴流组合式多管旋风除尘装置。按照每个旋风除尘装置的连接方式，组合式多管旋风除尘装置又分为串联式和并联式多管旋除尘装置，常见的是并联式，而串联式应用较少。为了分离不同粒径的粉尘，提高除尘效率，可将多个除尘效率不同的旋风除尘装置串联起来使用，这种组合方式称为串联式旋风除尘装置组合形式，第一级锥体较短，分离较大粒径的粉尘，第二级以后的锥体逐渐加长，分离较小粒径的粉尘。当处理气体量较大时，可将多个旋风除尘装置并联起来使用，这种组合方式称为并联式旋风除尘装置组合形式。并联式多管旋风除尘装置如图 4—8 所示，壳体中设有旋风管单元，含尘气体经入口处进入壳体内，通过分离板，进入旋风管单元，分离后的气体通过出口排出，分离出来的尘粒通过排尘装置排出。多管旋风除尘装置具有效率高，处理气量大，有利于布置，风道连接方便等特点。但是，多管旋风除尘装置对轴流式旋风单元制造、安装的质量要求较高。

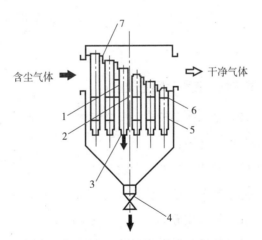

图 4—8　并联轴流组合式多管旋风除尘装置

1—外管　2—引导叶片　3—旋风管单元　4—排尘装置

5—内管　6—内管分离装置　7—外管分离板

116. 什么是湿式除尘装置？

湿式除尘装置是通过液体捕集体与含尘气体接触的方式将粉尘从含尘气流中分离出来的装置，也称洗涤式除尘装置。湿式除尘装置除尘原理及影响除尘效率主要因素与湿式降尘基本相同。

湿式除尘装置既能除尘，也能脱除气态污染物（气体吸收，如火电厂烟气脱硫除尘一体化等），同时还能起到气体降温的作用，具有设备投资少、构造简单、一般没有可动部件、除尘净化效率高等特点，较为适用于非纤维性、不与水发生化学反应、不发生黏结现象的各类粉尘，尤其适用于净化高温、易燃、易爆及有害气体。其缺点包括：容易受酸碱性气体腐蚀，管道设备必须防腐；需要处理污水和污泥，粉尘回收困难；冬季会产生冷凝水，在寒冷地区要考虑设备防冻等问题；疏水性粉尘除尘效率低，往往需要加净化剂来改善除尘效率。

117. 湿式除尘装置有哪些类型？

湿式除尘装置结构类型较多。根据液体捕集体产生方式，可将湿式除尘装置分为以下几种：

（1）喷淋除尘装置。喷淋除尘装置又称喷淋塔或洗涤塔，是一种最简单的湿式除尘装置。按尘粒和水滴流动方式可分为逆流式、并流式和横流式。在逆流式喷雾塔中，含尘气体向上运动，液滴由喷嘴喷出向下运动，液体从塔顶经雾化喷嘴喷出后，向塔底自由沉降。含尘气体从塔底进入，流向塔顶，气液两相逆向流动，在塔内接触，通过惯性碰撞、拦截、扩散等作用，使较大的尘粒被液滴捕集，干净气体从塔顶排出。喷淋塔的除尘效率取决于液滴大小、尘粒的空气动力学直径、液气比以及气体性质。

（2）冲击式除尘装置。冲击式除尘装置是在其内贮有一定量的水，将具有一定动能的含尘气体直接冲击液体，激起大量水滴和水雾，使尘粒从气流中分离的一种除尘设备。冲击式除尘装置包括结构简单的水浴除尘装置和结构较复杂的自激式除尘装置。

1）水浴除尘装置。水浴除尘装置的结构很简单，由挡水板、进气管、排气管、进水管、排水管、喷头、溢流管等组成。连续进气管的喷头掩埋在水室里，含尘气流经喷头高速喷出，冲击水面并急剧改变方向，气流中的大尘粒因惯性与水碰撞而被捕集，即冲击作用阶段。粒径较小的尘粒随气流穿过水层，激发出大量泡沫和水花，进一步使尘粒被捕集，即泡沫作用阶段。气流穿过泡沫层进入筒体内，受到激起的水花和雾滴的淋浴，使得粉尘得到进一步净化，即淋浴作用阶段。

2）自激式除尘装置。自激式除尘装置可分为立式和卧式两种。典型的立式自激式除尘装置由S形精净化室、自动供水系统、挡水板、溢流箱、进气管、排气管、泥浆机械耙等组成。除尘过程是含尘气体进入装置内转弯向下冲击水面，粗尘粒由于惯性作用落入水中被水捕获，细尘粒随气流以18～35米/秒的速度进入两叶片间的S形精净化室，由于高速气流冲击水面激起水滴的碰撞及离心力的作用，使细尘粒被捕获。净化后的气体通过气液分离室和挡水板，去除水后排出，被捕集的粗、细尘粒在水中由于重力作用，沉积于底部形成泥浆，再由机械耙将泥浆耙出。

（3）湿式旋风除尘装置。常用的湿式旋风除尘装置有旋风水膜除尘装置和中心喷雾旋风除尘装置。

1）旋风水膜除尘装置。旋风水膜除尘装置一般可分为立式旋风水膜除尘装置和卧式旋风水膜除尘装置两类。卧式旋风水膜除尘装置由外筒、内筒、螺旋形导流体、集水槽及排水装置等组成。含尘气体沿切线方向进入除尘装置,气体在内外筒形成的螺旋通道内旋转运动,在离心力的作用下粉尘被甩向筒壁。当气流以高速冲击到水箱内的水面上时,一方面尘粒因惯性作用落于水中,另一方面气流冲击水面激起的水滴与尘粒碰撞,也会将一部分尘粒捕获。立式旋风水膜除尘装置在圆筒体上部设置切向喷嘴,水雾喷向器壁,含尘气体由筒体下部切向导入,形成旋转上升的气流,气流中的尘粒在离心力作用下甩向器壁,从而被液滴和器壁的水膜所捕集,最终沿器壁流向下端集水槽,净化后的气体由顶部排出。

2)中心喷雾旋风除尘装置。含尘气流由除尘装置下部以切线方向进入,水通过轴向安装的多头喷嘴喷入,尘粒在离心力的作用下被甩向器壁,水由喷雾多孔管喷出后形成水雾,利用水滴与尘粒的碰撞作用和器壁水膜对尘粒的黏附作用而除去尘粒。

湿式旋风除尘装置的除尘效率一般可以达到90%以上,压力损失为250~1 000帕,特别适用于气量大和含尘浓度高的烟气除尘。

(4)文丘里湿式除尘装置。文丘里湿式除尘装置是一种高效湿式洗涤器,可分为喷雾式和射流自吸式。两种类型的区别,一是前者由机械式通风机供风,后者利用水气射流通风器的原理通过压力水的喷射自行吸风。二是前者喷嘴以喷雾为主,后者喷嘴的作用以射流吸风为主。

喷雾式文丘里除尘装置由喷雾器、文丘里管本体及脱水器三部分组成。文丘里管本体由渐缩管、喉管和渐扩管组成。含尘气流由进气管进入渐缩管后,流速逐渐增大,气流的压力势能逐渐转变为动能;进入喉管时,流速达到最大值,静压下降到最低值,以后在渐扩管中流速渐小,压力回升。除尘过程如下:水通过喉管周边均匀分布的若干小孔进入,然后被高速的含尘气流撞击成雾状液滴,气体中尘粒与液滴凝聚成较大颗粒,并随气流进入旋风分离器中与气体分离。因此,可将文丘里湿式除尘装置的除尘过程分为雾化、凝聚和分离除尘三个阶段,前两个阶段在文丘里管内进行,后一阶段在除雾器内进行。

（5）填料式除尘装置。填料式除尘装置一般分为固定床和流动床两种类型,由于固定床填料塔净化粉尘时很容易堵塞,所以工程上一般较少使用。流动床填料式除尘装置在上下两块栅板间填充若干小球,在上栅板的上方布置喷头,雾状水流经填料时,在小球表面形成水膜,含尘气体从塔的下部进入,将小球吹成流态化,依靠碰撞、拦截、扩散等作用,颗粒物被小球上的水膜捕获。由于小球在不断的湍动、旋转及相互碰撞,其表面的液膜就不断更新,从而强化了气液两相的接触,极大地提高了净化效率。流动床填料式除尘装置的一个突出优点是能同时有效净化气态污染物。

（6）泡沫除尘装置。泡沫除尘装置又称泡沫洗涤器,简称泡沫塔,一般分为无溢流泡沫除尘装置和有溢流泡沫除尘装置两类。在塔体内布置一些带孔的筛板,液体从塔顶引入,含尘气体从塔底进入,当气流通过筛板时,因阻力使筛板上持有一定的液层,气流穿过这些液层时,就会形成大量气泡（泡沫层）,依靠碰撞和扩散,粉尘被捕集。泡沫除尘效率主要取决于泡沫层的厚度,泡沫层越厚,除尘效率越高,阻力损失也越大。筛板塔中的筛板厚度一般为 4～6 毫米。板上的圆孔截面积一般为 0.2～0.25 米^2。溢流堰高度一般取 10～30 毫米,筛板塔的除尘效率可达 90% 以上,每层的阻力降约为 400 帕。

118. 湿式除尘装置如何脱水?

当用湿法治理尘和其他有害气体时,从处理设备排出的气体常常夹带有尘和其他有害物质的液滴。为了防止液滴带出湿式除尘装置，在湿式除尘装置后面一般要进行脱水处理，即设计安装脱水装置，把液滴从气流中分离出来。湿式除尘装置带出的液滴直径一般为50～500微米，其量约为循环液的1%。由于液滴的直径比较大，因此较易去除。

目前常用的脱水装置有重力式脱水器、惯性式脱水器、旋风式脱水器、过滤式脱水器。重力式脱水器比较简单，它依靠液滴的重力使之从气流中分离出来，但只能分离粗大液滴，要求气流的上升速度不超过0.3米/秒。惯性式脱水器、旋风式脱水器分别与惯性除尘装置、旋风除尘装置结构基本相同。惯性式脱水器能分离150微米以上的液滴，气流通过惯性式脱水器的风速应控制在2～3米/秒，小于2米/秒时碰撞效率降低，大于3米/秒时气流会把液滴带走。过滤式脱水器是在出口处设置多层尼龙丝或铜丝网，分离效果较好，对于直径100微米以上的液滴，分离效率可高达99%。应当指出，在选择脱水器时，除了考虑脱水效率外，还应考虑阻力的大小。

119. 什么是电除尘装置？有哪些优势？

电除尘装置是利用静电力（库仑力）实现粒子（固体或液体粒子）与气流分离沉降的一种除尘装置。电除尘装置利用静电力直接作用在粒子上，因此，分离尘粒所消耗的能量较小、压力损失也较小。由于作用在粒子上的静电力相对较大，所以也能有效地捕集亚微米级的粒子。

电除尘装置主要有以下优点：可捕集微细粉尘及雾状液滴，粉尘粒径大于1微米时，除尘效率可达99%，除尘性能好；气体处理量大；可在350～400℃的高温下工作，适用范围广；压力损失小，能耗低，运行费用少。电除尘装置的缺点是投资大、设备复杂、占地面积大，对操作、运行、维护管理都有较高的要求。另外，对粉尘的电阻率也有要求。目前，电除尘装置主要用于处理气量大，对排放浓度要求较严格，又有一定维护管理水平的大企业，如燃煤发电、建材、冶金等行业。

120. 电除尘装置的工作原理是什么？

管式电除尘装置如图 4—9 所示，接地的金属圆管叫集尘电极，为正极；与高压直流电源相接的细金属线叫放电电极（又称电晕电极），为负极。放电电极置于圆管的中心，将靠下端的吊锤拉紧，含尘气体从除尘装置下部的进气管进入，净化后的清洁气体从上部排气管排出。

电除尘主要包括电晕放电、粉尘荷电、粉尘沉积和清灰四个基本过程。电除尘装置的除尘过程如图 4—10 所示。

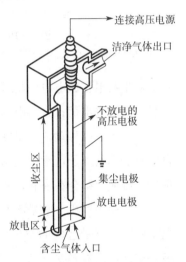

图 4—9 管式电除尘装置

（1）电晕放电。电除尘装置内设有高压电场，电极间的空气离子在电场的作用下向电极移动，形成电流。空气电离后，由于连锁反应，在极间运动的离子数大大增加，表现为极间电流（电晕电流）急剧增大。当电晕电极周围的空气全部电离后，形成电晕区，此时在电晕电极周围可以看见一圈蓝色的光环，这个光环称为电晕放电。如果在电晕电极上加的是负电压，则产生的是负电晕；反之，则产生正电

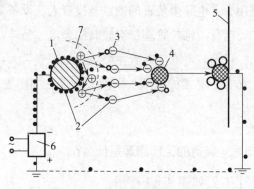

图 4—10　电除尘装置除尘过程
1—电晕极　2—电子　3—离子　4—粒子　5—集尘极　6—供电装置　7—电晕区

晕。粉尘荷电在放电电极附近的电晕区内，正离子立即被电晕电极表面吸引而失去电荷；自由电子和负离子则因受电场力的驱使和扩散作用，向集尘电极移动，于是在两极之间的绝大部分空间内部都存在着自由电子和负离子，含尘气流通过这部分空间时，粉尘与自由电子、负离子碰撞而结合在一起，实现粉尘荷电。

（2）粉尘沉积。电晕区的范围一般很小，电晕区以外的空间称为电晕外区。电晕区内的空气电离之后，正离子很快向负极（电晕电极）移动，只有负离子才会进入电晕外区，向阳极（集尘电极）移动。含尘气流通过电除尘装置时，只有少量的尘粒在电晕区通过，获得正电荷，沉积在电晕电极上。大多数尘粒在电晕外区通过，获得负电荷，在电场力的驱动下向集尘电极运动，到达极板失去电荷后沉积在集尘极上。

（3）清灰。当集尘电极表面的灰尘沉积到一定厚度后，会导致火花电压降低，电晕电流减小。而电晕电极上附有少量的粉尘，也会影响电晕电流的大小和均匀性。为了防止粉尘重新进入气流，保持集尘电极和电晕电极表面的清洁，隔一段时间应及时清灰。

121. 电除尘装置如何分类?

电除尘装置的种类很多,根据电除尘装置的结构特点,主要有以下几种分类方式:

(1) 按粒子荷电段和分离段的空间布置不同,可分为单区式和双区式电除尘装置。电除尘的四个过程都在同一空间区域内完成的叫作单区式电除尘装置。而荷电和除尘分设在两个空间区域内的称为双区式电除尘装置。目前单区式电除尘装置应用最广。

(2) 按集尘电极的形式不同,可分为管式和板式电除尘装置。管式电除尘装置的集尘电极一般为多根并列的金属圆管,适用于气体量较小的情况,一般采用湿式清灰。板式电除尘装置的集尘电极由轧制成各种断面形状的平行钢板制作,极板之间布置电晕线,清灰方便,制作安装比较容易,布置较灵活。板式电除尘装置的规格以除尘装置横断面积表示,可以从几平方米到几百平方米。

(3) 按气流流动方向不同,可分为卧式和立式电除尘装置。卧式电除尘装置气流方向平行于地面,占地面积大,但操作方便,因此,在工业废气除尘中,卧式的板式电除尘装置应用最广。立式电除尘装置气流方向垂直于地面,通常由下而上。管式电除尘装置都是立式的,一些板式电除尘装置也采用立式,这种电除尘装置占地面积小,但捕集的细粒易再次飞扬。

(4) 按清灰方式不同,可分为干式和湿式电除尘装置。湿式电除尘装置通过喷雾或溢流水等方式,使集尘电极表面形成一层水膜,将沉积到极板上的尘粒带走。湿式清灰可避免二次扬尘,达到很高的除尘效率,运行也较稳定,但操作温度低,且需要处理含尘污水和污泥,一般只在气体含尘浓度较低、要求除尘效率较高时才采用。干式电除尘装置采用机械、电磁、压缩空气等振打清灰，处理温度为350～450℃，有利于回收较高价值的颗粒物，但振打清灰时存在粉尘二次飞扬等问题，板式除尘装置大多采用干式清灰。

122. 电除尘装置有哪些主要部件？

电除尘装置的类型多种多样，但从其结构来看，一般都包括以下几个主要部分：

（1）电晕电极。电晕电极是使气体产生电晕放电的电极，包括电晕线、电晕框架、电晕框悬吊架、悬吊杆、支撑绝缘套管等，电晕线的固定方式有重锤悬吊式和管框绷线式。电晕电极应具有起晕电压低、击穿电压高、电晕电流大等性能，还应具备较高的机械强度和耐腐蚀性能。电晕电极的类型很多，目前常用的有直径 3 毫米左右的圆形线、星形线、锯齿线、芒刺线等。

（2）集尘电极。根据集尘电极结构，可分为管式和板式两类。小型管式电除尘装置的集尘电极为直径约 15 厘米、长约 3 米的管，大型的可加大到直径为 40 厘米、长为 6 米。每个除尘装置所含集尘管数目少则几个，多则 100 个以上。板式电除尘装置的集尘板垂直安装，电晕电极置于相邻的两板之间。集尘电极长一般为 10～20 米，高为 10～15 米，板间距为 0.2～0.4 米，处理气量在 1 000 米³/秒以上，效率高达 99.5% 的大型电除尘装置含有上百对极板。

（3）气流分布装置。气流分布的均匀程度与除尘装置进口的管道形式及气流分布装置有密切关系。在电除尘装置安装位置不受限制时，气流应设计成水平进口，即气流由水平方向通过扩散形变径管进入除尘装置，然后经 1～2 块平行的气流分布板后进入除尘装置的电场。在除尘装置出口渐缩管前也常常设一块分布板。被净化的气体从电场出来后，经此分布板和与出口管相连接的渐缩管离开除尘装置。

（4）电极清灰装置。电除尘装置清灰的主要方式有湿式和干式清灰。湿式清灰时，二次扬尘少，不会产生反电晕，水滴凝聚在小尘粒上便于捕集，同时可净化部分有害气体（如二氧化硫、氟化氢等），主要问题是极板腐蚀和污泥处理。干式清灰有机械振打、压缩空气振打、电磁振打及电容振打等方式，目前应用最广的是挠臂锤振打电极框架的机械清灰方式。

（5）供电装置。电除尘装置的供电装置分为高压供电装置和低压供电装置。高压供电装置用于提供尘粒荷电和捕集所需要的电晕电流，主要包括升压变压器、高压整流器和控制装置。低压控制配电柜分别向电除尘装置、旋风除尘装置、风机及输灰系统的高、低压电气设备供电，便于管理。目前广泛应用可控硅高压硅整流设备，这类装置含有多重信号反馈回路，可将电压、电流限制在一定水平上，设备运行稳定，能有效控制火花率。

（6）除尘装置外壳。电除尘装置外壳的材料，根据气体性质和操作温度来选择。常用材料有普通钢板、不锈钢板、铅板（捕集硫酸雾）、钢筋混凝土及砖等。除尘装置外壳必须保证严密，减少漏风。漏风将使进入除尘装置的风量增加，风机负荷加大，电场内风速过高，除尘效率下降。特别是处理高温高湿烟气时，冷空气漏入会使烟气温度降至露点以下，导致除尘装置内构件沾染灰尘及被腐蚀。电除尘装置的漏风率应控制在3％以下。

123. 什么是过滤式除尘装置？如何分类？

过滤式除尘装置是使含尘气流通过过滤材料（简称滤料），将粉尘过滤、分离、捕集的装置。按照过滤材料的形状及其性质，过滤式除尘装置可分为袋式除尘装置、颗粒层除尘装置和陶瓷微管除尘装置三类。其中，袋式除尘装置利用纤维编织物制成滤袋作为过滤材料，颗粒层除尘装置采用砂、砾、焦炭等颗粒物作为过滤介质，陶瓷微管除尘装置以陶瓷微管为过滤材料。

在过滤式除尘装置中，除含尘气体处理量、除尘效率和阻力外，过滤风速是其特有的性能指标，所谓过滤风速是指气体通过滤料层的平均速度，单位为厘米/秒或米/分。

124. 袋式除尘装置有哪些优缺点?

袋式除尘装置的除尘效率高，结构不太复杂、投资不大，可以回收有用粉料。但袋式除尘装置的投资比较高，允许使用的温度低，操作时气体的温度需高于露点温度，否则，不仅会增加除尘装置的阻力，甚至由于湿尘黏附在滤袋表面而使除尘装置不能正常工作。当尘粒浓度超过尘粒爆炸下限时也不能使用袋式过滤器，且袋式除尘装置不适用于含有油雾、凝结水和粉尘黏性大的含尘气体，一般也不耐高温。袋式除尘装置占地面积较大，更换滤袋和检修不太方便。

125. 常用的袋式除尘装置滤料有哪几种?

滤料种类很多，常用滤料按材质可分为天然纤维滤料、合成纤维滤料、无机纤维滤料及毛毡滤料四种。常用滤料的主要性能见表4—1。

表 4—1   常用滤料的主要性能

滤料名称	耐温性能（℃）		吸湿度（%）	耐酸性	耐碱性
	长期	最高			
棉织品	75～85	95	8	不行	稍好
羊毛	80～90	100	10～15	稍好	不行

续表

滤料名称	耐温性能（℃）		吸湿度（%）	耐酸性	耐碱性
	长期	最高			
尼龙	75～85	95	4.0～4.5	稍好	好
奥纶	125～135	150	6	好	不好
涤纶	140	160	6.5	好	不好
玻璃纤维（用硅酮树脂处理）	250	—	0	好	不好
芳香族聚酰胺（诺梅克斯）	220	260	4.5～5.0	不好	好
聚四氟乙烯	220～250	—	0	非常好	非常好

117

126. 袋式除尘装置有哪些种类？

袋式除尘装置主要由滤袋、壳体、灰斗、清灰机构等部分组成。袋式除尘装置主要分类如下：

（1）按进风方式有上进风式、下进风式之分。上进风式是指含尘气流入口位于袋室上部，气流与粉尘沉降方向一致。下进风式是指含尘气流入口位于袋室下部，气流与粉尘沉降方向相反。

（2）按过滤方式，有外滤式和内滤式两种。采用内滤式时，含尘气流先进入滤袋内部，粉尘被阻挡于滤袋内表面，净化气体通过滤袋逸向袋外。外滤式的粉尘阻留于滤袋外表面，净化气体由滤袋内部排出。

（3）按滤袋形状，分扁袋和圆袋两种。圆袋式是指滤袋为圆筒形，扁袋式是指滤袋为平板形（信封形）、梯形、楔形以及非圆筒形的其他形状。

（4）根据清灰方式不同，袋式除尘装置通常可分为简易清灰、机械振动清灰、气流清灰及联合清灰四种除尘装置。气流清灰袋式除尘装置又分为气环反吹清灰袋式除尘装置、逆气流清灰袋式除尘装置和脉冲清灰袋式除尘装置。简易清灰除尘装置是通过关闭风机时滤袋的变形和依靠粉尘层的自重进行的，有时还辅以人工的轻度拍打。

127. 什么是颗粒层除尘装置？有何优点？

颗粒层除尘装置是利用颗粒状物料（如硅石、砾石、焦炭等）作为过滤层的一种内滤式除尘装置。在除尘过程中，含尘气体中的粉尘粒子主要是在筛分、惯性碰撞、截留、扩散、重力沉降和静电等多种作用下被分离出来。颗粒层除尘装置过滤风速一般为 30～40 米/分钟，除尘装置总阻力为 1 000～1 200 帕。颗粒滤料一般为含 99％以上二氧化硅的石英砂，也有的使用无烟煤、矿渣、焦炭、河砂、卵石、金属屑、陶粒、玻璃珠、橡胶屑、塑料粒子等，颗粒粒径一般以 2～5 毫米为宜，其中小于 3 毫米粒径的颗粒应占 1/3 以上，床层厚度一般为 100～500 毫米。

颗粒层除尘装置的主要优点包括：①除尘效率高，一般为 98％～99.9％。②能够净化易燃易爆的含尘气体，并可同时除去二氧化硫等多种污染物。③耐高温、抗磨损、耐腐蚀。④过滤能力不受粉尘电阻率的影响，适用性广。所以，颗粒层除尘装置主要应用于高温含尘气体的除尘。

128. 颗粒层除尘装置如何分类？

颗粒层除尘装置的种类很多，按床层位置可分为垂直床层与水平床层颗粒层除尘装置，按床层状态可分为固定床、移动床和流化床颗粒层除尘装置，按床层数可分为单层和多层颗粒层除尘装置，按清灰方式分为振动式反吹清灰、带梳耙反吹清灰及沸腾式反吹清灰颗粒层除尘装置等。以下为两种常用的、典型的颗粒层除尘装置。

（1）梳耙反吹式颗粒层除尘装置。含尘气体由下部进入旋风筒，粗颗粒粉尘被分离出来，接着气体由中心管进入过滤室中，然后向下通过过滤层，气体得到最终净化。净化后的气体由干净气体室进入干净气体总管排出。清灰时，反吹气流经干净气体室反向通过过滤层，反吹气流将颗粒上的粉尘剥离下来，气流带着粉尘经由中心管进入旋风筒。粉尘在旋风筒中沉降，气流返回到含尘气流总管，进入与该除尘装置并联的其他除尘装置中进行进一步净化。

（2）移动床颗粒层除尘装置。除尘装置工作时，含尘气流从输入管路进入具有大蜗壳的上旋风体内，在旋转离心力作用下，粗大的尘粒被分离出来落入集灰斗；而其余的微细粉尘随内旋气流切向进入颗粒滤床，借其综合的筛滤效应进一步得到净化。净化后的洁净气流沿颗粒床的内滤网筒旋转上升，最后经过出气管道再经风机排入大气。被污染的颗粒滤料，经过床下部的调控阀门，按设定的移动速度缓慢落入滤料清灰装置，除去收集到的微细粉尘。微细粉尘穿过倒锥形清灰筛落入集灰斗，而被清筛过的洁净滤料沿锥筛孔及其相衔接的溜道流进贮料箱，最后通过气力输送装置或小型斗式提升机将其再度灌装到颗粒床内，继续循环使用。

129. 什么是陶瓷微管过滤式除尘装置？有何优点？

陶瓷微管过滤式除尘装置的核心部分为陶瓷质微孔滤管。陶瓷质微孔滤管是采用电熔刚玉砂（三氧化二铝）、黏土（二氧化硅）及石蜡等材料制成坯后在高温下煅烧而成的。电熔刚玉砂在高温下经熔融的溶剂黏结成型坯，其中的有机物溶剂燃烧挥发后就形成微孔。影响刚玉质滤管性能的因素主要有原料的配比、原料的粒度、成型过程的操作条件、料浆的流动性、焙烧温度及其在炉内分布的均匀性等。当其他条件保持不变时，刚玉砂的粒度越粗，形成的微孔孔径就越大；加入的黏土越多，孔隙率就越小。

陶瓷质微孔滤管的管壁内有很多孔洞，它们之间由许多微小的通道相联系。开始过滤时，滤管表面会形成一层粉尘层。陶瓷微管过滤式除尘装置的过滤作用主要是依靠这层粉尘层来进行的。陶瓷质微孔滤管在反吹时形状保持不变，所形成的粉尘层不会被破坏，故其除尘效率可保持不变。

陶瓷微管过滤式除尘装置具有耐高温、耐腐蚀、耐磨损、除尘效率高、使用寿命长及操作简易等优点，适用于工业炉窑高温烟尘的治理。这种除尘装置的过滤风速一般为 $0.8 \sim 1.2$ 米/分钟，阻力损失为 $2.74 \times 10^3 \sim 4.60 \times 10^3$ 帕，入口烟尘浓度不大于 20 克/米^3，除尘效率大于 99.5%，可在小于 550℃的温度下使用，处理风量可达 6 500～200 000 米^3/小时（系列化产品）。

130. 陶瓷微管过滤式除尘装置的工作原理是什么？

陶瓷微管过滤式除尘装置的工作原理是，引风机吸入的高温含尘气体由上而下进入数根串联（立向串联）的滤管内腔，由于惯性的作用，一部分较大颗粒的烟尘不会黏附在管壁上而是直接进入灰斗中，下落的粉尘又削落了黏附于管壁上的粉尘，从而防止粉尘层厚度的增加，减小滤管的压力损失。其余微细烟尘由微孔管过滤后黏附在管壁上。经反向清灰后，黏附在管壁上的粉尘被清除下来，落至灰斗中。过滤后的洁净气体经通风机和烟囱排入大气。

131. 选择除尘装置应注意哪些主要问题？

选择除尘装置要考虑很多因素，但在实际应用中，主要是根据处理风量、粉尘浓度、排放标准、除尘装置的技术和经济性能、粉尘的性质、含尘气体的特性以及使用单位的情况等来进行选择。具体应注意以下几个方面：

（1）明确用途，了解排放标准。在通风除尘系统中设置除尘装置的目的主要是为了保证排至大气的气体含尘浓度能够达到排放标准的要求。因此，排放标准是选择除尘装置的重要依据。要根据限制粉尘排放浓度的法律法规、标准或生产技术的要求，以及除尘装置入口含尘浓度计算出需要达到的除尘效率，选择适当的除尘装置。

（2）熟悉除尘装置的性能。除尘装置的性能包括技术性能和经济性能。除尘装置的技术、经济性能主要表现在其除尘效率、压力损失、一次投资、运行维护费等方面。它是选择除尘装置的主要依据。因此，必须熟悉各类除尘装置的主要性能指标。

（3）考虑气体含尘浓度和处理风量。处理含尘浓度高的气体时，应对含尘气体进行预净化，宜采用多级式除尘系统。要根据所处理的含尘气体流量的大小，选择处理能力与之相适应的除尘装置，以保证能取得良好的除尘效果。另外，对于运行工况不太稳定的系统，要注意风量变化对除尘装置效率和阻力的影响，例如，旋风除尘装置的效率和阻力是随风量的增加而增加的，电除尘装置的效率却是随风量的增加而下降的。

（4）考虑含尘气体性质。选择除尘装置时，必须考虑含尘气体的性质，如温度、湿度、可燃性、成分等。对于高温、高湿的气体，不宜采用袋式除尘装置。如果粉尘的粒径小，电阻率不适宜电除尘，又要求干法除尘时，可以考虑采用颗粒层除尘装置。如果处理的是可燃气体或爆炸性气体，电除尘装置是不适用的。如果含尘气体有气态氟化物，就不能用玻璃纤维织物进行高温过滤。如果气体中同时含有有

121

害气体如二氧化硫、氮氧化物等，可以考虑采用湿式除尘，但是必须注意腐蚀问题。

（5）考虑粉尘性质。例如，黏性大的粉尘容易黏结在除尘装置表面，不宜采用干法除尘。电阻率过大或过小的粉尘，不宜采用静电除尘。水硬性（如水泥等）或疏水性（如石墨等）粉尘不宜采用湿法除尘。如果粉尘具有爆炸性，除尘装置必须有防止积聚静电荷的措施。密度较大的粉尘，可选用旋风或重力沉降室。工业炉窑高温烟尘的治理，可选用陶瓷微管过滤式除尘装置。

（6）符合实际。除尘装置的选择还要考虑使用单位的资金、技术力量、场地条件等情况。对于缺乏资金、技术力量薄弱的企业，不适宜选用投资大且技术要求高的除尘装置。场地狭小时不能采用占用空间大的除尘装置，如静电除尘装置等。对于没有压缩空气源的企业，宁可选用没有振打机构的简易袋式除尘装置，也不要轻易选用脉冲振动清灰袋式除尘装置。

第五部分

综合防尘技术

132. 工业企业作业场所粉尘防治标准主要有哪些?

关于粉尘防治的职业安全卫生标准,我国现行主要有指导性国家标准《工业企业设计卫生标准》(GBZ 1—2010)和《工作场所有害因素职业接触限值 第 1 部分:化学有害因素》(GBZ 2.1—2007)以及各类行业领域防尘防毒技术规范(如《石棉生产企业防尘防毒技术规范》《造纸企业防尘防毒技术规范》《卷烟制造企业防尘防毒技术规范》《印刷企业防尘防毒技术规范》等)组成,这些标准是工业企业设计及预防性和经常性监督检查、监测粉尘危害的依据。

133. 如何通过选择合理的生产布局来减少粉尘危害?

在选择厂房位置时,应考虑自然条件对企业生产的影响以及企业和周边区域的相互影响,厂区总平面布置应注意功能分区的划分,满足基本卫生要求。在安排产尘工序位置时,要以防止或减少粉尘对其他工序生产环境污染为原则。

(1)厂址方面。要有良好的水文、地质、气象等自然条件,不应在居住区、学校、医院和其他人口密集的被保护区域内建设工厂。厂址应位于被保护对象全年最小频率风向的上风侧。在同一区域内有多个企业时，应避免彼此间的污染物产生交叉污染。

（2）厂区平面布置方面。产生粉尘的生产设施应布置在厂区全年最小频率风向的上风侧，且地势开阔、通风条件良好的地段，并应避免采用封闭式或半封闭式的布置形式。产生粉尘的车间与产生毒物的车间分开，并与其他车间及生活区之间设有一定的卫生防护绿化带。

（3）厂房平面结构方面。厂房的迎风面与夏季主导风向宜成 60度～90 度夹角，最小也应不小于 45 度。平面结构以"L""Ⅱ""Ⅲ"型为宜，开口部分应位于夏季主导风向的迎风面，而各翼的纵轴与主导风向成 0 度～45 度夹角。在考虑风向的同时，应尽量使厂房的纵向墙朝南北方向，以减少西晒。

（4）工艺布局方面。工艺设备和生产流程的布局应使主要工作地点和操作人员多的工段位于车间内通风良好、空气环境清洁的地方。一些人员多、工艺操作要求较高的工段一般应布置在夏季主导风向上风侧，而产尘较多、污染严重的工段应布置在夏季主导风向的下风侧，这样可以改善整个生产流程的空气环境，使人员免受粉尘的危害。在布置工艺设备和安排工艺流程时，应该为通风除尘系统的合理布置提供必要的条件。

134. 铸造行业如何通过选择合理的生产工艺来减少粉尘危害？

（1）造型工段。采用游离二氧化硅含量低的石灰石砂、橄榄石砂代替游离二氧化硅含量很高的石英砂，用双快水泥砂、冷固树脂自硬砂造型制芯，都可达到既简化工序又减轻粉尘危害的目的。对砂型表面的砂粒和浮灰，采用移动式或集中式真空吸尘装置吸除。

（2）熔化工段。用超高功率电弧炉，真空熔化、炉外精炼，用还原铁炼钢，惰性气体保护熔化钢水等先进熔炼工艺，不但可以节能，而且缩短了熔炼时间，减少了烟尘散发量。熔炼设备采用低频感应电炉比冲天炉更易控制污染。采用电热、气体或液体燃料来代替煤与焦炭这类固体燃料，可大大减少粉尘量。

（3）清理工段。采用铸件落砂、除芯、表面清理和旧砂再生"四合一"抛丸落砂清理设备，能一次完成铸件落砂、除芯、表面清理和旧砂再生，将原来分散的扬尘点集中在一台密闭设备中，因而能减少粉尘的危害，改善劳动环境。

（4）砂准备及砂处理工段。采用配备有电力输送设备的密闭罐车输送各种粉料，用气力输送代替皮带机输送型砂和旧砂，能避免和减少运输装卸过程中粉尘的飞扬。

另外，在皮带机输送砂子时采取防皮带跑偏措施，在皮带上加导料槽，安装刮砂器，转载处采取密闭措施，避免和防止砂散落。

135. 陶瓷行业如何通过选择合理的生产工艺来减少粉尘危害？

（1）采用湿法工艺。坯料、匣钵料、釉料的粉碎采用湿式工艺，即采用湿法轮碾、湿法球磨，可以有效防止粉尘危害。如某陶瓷厂釉料生产由干碾改为水碾，粉尘浓度由 189 毫克/米^{3}降到 2 毫克/米^{3}以下；对于工业陶瓷，用水磨代替干式砂磨，粉尘浓度由 103.9～149.1 毫克/米^{3}降为 2.46 毫克/米^3。

（2）采用自动化或机械化工艺。如某企业采用电脑控制彩釉砖自动生产线，从原料加工、成型到烧成，全部采用密闭、湿式除尘，车间粉尘浓度符合国家标准。使用链式干燥机，使半成品干燥实现机械化、连续化生产，改善了劳动条件，避免了粉尘危害。

（3）采用喷雾干燥新工艺。采用泥浆压力式喷雾干燥新工艺代替压滤、烘干、干式打粉的旧工艺，既可将料浆干燥至成型所要求的水分，也可达到成型要求的粒度，过程简单，生产周期短，可连续自动化生产，设备产量大，操作人员少，劳动条件好，成本低。

（4）采用湿法修坯。在坯体润湿的情况下修坯，采用海绵蘸水精修的方法，避免了干法修坯生产时的大量粉尘。

（5）其他。如隧道窑的砖在炉外窑车上装运，既可减轻工人的劳动强度，也可大大减少粉尘的危害。采用含硅低的原料三氧化二铝代替含硅量高的物料。

136. 矿山及隧道施工如何通过选择合理的生产工艺来减少粉尘危害?

（1）采用凿岩爆破工作量较小的采矿方法。例如，阶段自然崩落法、强制崩落法、深孔中段崩落法以及深孔留矿法等采矿方法，既可减少凿岩爆破工作量，又可减少产尘量。

（2）采用产尘量较小的打眼放炮工艺。例如，用深孔凿岩取代浅孔凿岩；合理布置炮眼，控制矿岩块度，减少二次破碎工作量；采用非爆破方法进行二次破碎；露天大爆破时，采用合理的炮孔网度、微差爆破以及空气柱间隔装药等，均可使粉尘产生量显著减少。

（3）采用产尘量较小的机械化破碎矿岩或煤的工艺。如对于采煤机，选择合理的滚筒、截齿和截齿布置方式及数量，选择恰当的割煤方式，合理控制采煤机的截割速度和牵引速度等，增大落煤块度。机械化掘进作业中，选择合理的截凿类型、截凿锐度、截齿间距、截割速度、深度及安装角度。美国相关试验证明，采煤机割煤的截深由0.8厘米增至2.1厘米时，产尘量减少50%，截割速度从60转/分钟减小到15转/分钟时，空气中的呼吸性粉尘含量减少到51%。

（4）采取减少喷射混凝土产尘的生产工艺。喷射混凝土是开掘矿井巷道、地下铁道、公路隧道的主要支护方式之一，喷射混凝土生产工艺好坏会影响产尘量。实践证明，增加水灰比，选择具有较高黏附性的水泥，增大骨料粒径等可减少粉尘产生量。

137. 什么是物料预先润湿黏结？主要用于哪些行业？

物料预先润湿，是指在破碎、研磨、转载、运输等产尘工序前，预先对产尘的物料采用液体进行润湿，使产生的粉尘提前失去飞扬能力，预防悬浮粉尘的产生。在物料进入破碎、筛分、输送等工序之前，或者在物料的破碎、筛分和输送过程中，向物料中加水（或其他液体），润湿物料，可以抑制、减少或消除粉尘的散发，这是一种简便、经济、有效的防尘措施。

凡是在生产中允许加湿的作业场所应首先考虑采用物料预先润湿的方法，目前主要在矿山、隧道施工、电厂、工业厂房、道路建设行业应用。

138. 破碎物质或粉料预先润湿有哪些操作要点？

破碎物质或粉料预先润湿在很大程度上受到工艺的限制，其预先润湿应在工艺允许的范围内进行，但工艺亦应为预先润湿创造条件，以获得更好的防尘效果。预先润湿的加水量根据生产工艺要求及特点等因素确定。

物料的最终含水量应根据生产工艺最大允许含水量和除尘最佳含水量等因素决定。物料的最终含水量见表5—1。

用于物料润湿的喷嘴，一般采用简单的不易堵塞的丁字形多孔眼喷水管或鸭嘴形喷水管。丁字形喷水管适用于固定加水点，喷水管的

表 5—1　　　　　　　　　物料的最终含水量

物料名称	金属矿石	石灰石	白云石	煤	石英	富矿石	烧结混合物	铸造用砂	焦炭
物料的最终含水量（%）	4～6	3～6	4～6	8～12	4～6	8～10	8～10	4～6	8～12

长度、孔眼的数量和直径可根据加水宽度和用水量决定。鸭嘴形喷水管可用软胶管连接，做移动润湿物料之用。

为了均匀润湿物料，应保证喷水管前水压不小于 2 兆帕。加水点应设置在物料翻动和产生新的干燥物料表面的地点，如原料仓库的料堆、物料装卸点、装运点、破碎机前后等。

139. 什么是煤体预先润湿？其降尘作用与影响因素有哪些？

在煤层开采过程中，预先将水通过钻孔和裂隙注入尚未开采的煤体，使水均匀分布在煤层空隙（裂隙、孔隙）中，以抑制煤尘的生成和飞扬，这就叫作煤体预先润湿。

（1）煤体预先润湿的降尘作用。煤体预先润湿后主要有以下降尘作用：一是水进入煤体的裂隙后，将其中的原生煤尘在煤体破碎前预先润湿，使其失去飞扬性。二是水进入煤体各种裂隙和层理后，在极其微小的空隙内部也会有水存在，整个煤体有效地被水包裹起来，煤体得到充分的润湿，将抑制回采过程中伴生的大量煤尘。三是水进入煤体后可改变煤体的物理力学性质，使煤体塑性增加，脆性减弱，煤体被破碎时，许多脆性破碎变为塑性变形，降低了煤体的产尘量。

（2）煤体预先润湿的影响因素。影响煤体预先润湿效果的因素主要包括煤的成因与变质程度、构造变动和采动因素、煤层的埋藏深度以及注水压力、注水速度、注水量、注水时间等注水参数。

140. 煤体预先润湿方式有哪几种?

按照液体进入煤体的方式，煤体预先润湿可分为煤体注水和煤体灌水。

(1) 煤体注水。煤体注水是在煤层被掘进巷道切割后，通过打钻孔的办法用压力水润湿尚未开采的煤体，使其在开采过程中抑制和减少粉尘的产生。根据现场测定，煤体预先润湿的降尘效果一般在50%～90%。

1) 注水方式。根据供水压力的高低，分为高压注水（水压>10兆帕）、中压注水（水压为2.5～10兆帕）、低压注水（水压<2.5兆帕）。根据水的加压方式，可分为静压注水和动压注水。静压注水是直接利用水的重力作用将比注水点高的水源的水注入煤体，动压注水是通过注水泵或风包加压将水源的水加压后注入煤体。根据煤层钻孔的位置、长度和方向不同，煤体注水又可分为长孔注水、短孔注水、深孔及中孔注水、巷道钻孔注水等方式。

2) 注水工艺。注水工艺通常包括钻孔、注水、封孔。短孔注水一般采用爆破采煤的打眼工具—煤电钻和可接长的麻花钻杆钻孔，长孔注水、深孔注水及巷道钻孔注水一般采用钻机钻孔。目前封孔方法主要有两种，一种是水泥砂浆封孔，另一种是封孔器封孔。水泥砂浆封孔是指将一定比例的水泥和砂浆混合并送入钻孔孔口，填塞注水管与钻孔的间隙，待凝固后再注水。封孔器封孔是将封孔器与注水钢管连接起来送至封孔位置，水流从封孔器前端的喷嘴流出进入钻孔。

(2) 煤体灌水。灌水预湿煤体主要用在分层开采中，当上分层采

129

完后将水灌入采空区或巷道中，水依靠自重，通过煤体的裂隙，缓慢渗入下分层，使之预先润湿，以减少开采时煤尘的产生量。灌水方法大体分为倾斜分层超前钻孔采空区灌水、水平分层采空区灌水、采空区埋管灌水、工作面回风巷水窝灌水等。

141. 什么是湿式作业？主要用于哪些行业？

湿式作业是指向破碎、研磨、筛分等产尘的生产作业点送水，以减少悬浮粉尘的产生。

在各个行业的生产中，湿式作业得到广泛的应用，如物料的装卸、破碎、筛分、输送，石棉纺线，铸件清砂，工件表面加工，陶瓷器生产等均可采用湿式作业。

142. 石英砂作业环境如何进行湿式作业？

石英砂湿法生产工艺由破碎、筛分、脱水沉淀等工序组成。大块石英石运至料场后，由皮带输送机送至储料斗，皮带输送机上部装有喷水器，将石块上夹带的泥质等杂质冲洗干净。然后石块经储料斗进入颚式破碎机进行粗破碎，破碎机上装有喷水管，喷水润湿石英石。破碎后的小块石英石经斗式提升机送入轮碾机进行细粉碎，在粉碎过程中加入一定量的水，使水与砂两者达到合理的质量比（水砂比）。

实践表明，如使用双辊机湿法生产，当水砂比等于或大于1比2.5时，作业点含尘浓度即能达到卫生标准。细粉碎后的石英砂，由斗式提升机经储料斗送至圆滚筛进行筛分，再经离心脱水机脱水后即可得到水分含量为6%～12%的成品石英砂。某石英砂厂采用湿法生产工艺后，作业点含尘浓度由原来每立方米空气中几百毫克降至2毫克以下，同时产量提高了18%。

143. 石棉作业环境如何进行湿式作业?

随着现代工业的发展,石棉纺织制品的需求量也日益增加。过去生产石棉纺织制品一直沿用棉、毛的干法梳纺工艺,产生大量粉尘。石棉湿法纺线工艺流程为原棉处理→水选除杂→浸泡→打浆→成膜→纺线→编织→成品。

石棉湿法纺线是采用化学的方法将石棉绒均匀地分散入浆液中,并使之成胶体状,经过浸泡、打浆、成膜等工序后形成皱纹纸状的石棉薄膜,再将石棉薄膜纺成线,最后编织成各种石棉纺织制品。湿法纺线不但简化了工艺流程,而且从根本上消除了粉尘的危害,不需要通风防尘设备,节省通风能耗。这种工艺还可以充分利用短石棉纤维,不需要添加棉花,因此产品的耐热性能和强度都有所提高。

144. 什么是水力清砂和磨液喷砂作业?

水力清砂是指在铸造等工艺中,借助高压水泵和水枪,用水高速喷射铸件表面,清洗剥离黏附在铸件上的型砂,型砂与水一起经地沟流入砂水池,经脱水烘干后回收使用。

磨液喷砂主要用在机器制造工业清理或光饰工件表面的作业中。磨液由掺有"缓蚀脱脂剂"的清水和适当粒度的磨料(如石英砂、碳化硅等)按一定比例混合而成。工作时,利用磨液泵、水枪、喷嘴将磨液高速喷射到工件表面,然后磨液返回储液箱循环使用。用磨液喷砂时,由于有一层液膜裹覆磨料,故能减少磨料的破碎和粉尘的产生。

145. 什么是湿式钻孔? 分为哪几类?

湿式钻孔是指采用湿式钻孔机具,将具有一定压力的水,送到钻孔机具的孔底，用水润湿和冲洗打眼过程产生的粉尘，使粉尘变成尘浆流出孔口，从而达到抑制粉尘飞扬、减少空气中粉尘的目的。在现场中，施工放炮炮眼的钻孔机具称为打眼机具。

按湿式打眼机具的动力，湿式打眼机具可分为湿式电钻和湿式风动打眼机具。按供水方式，湿式打眼机具可分为中心式供水和侧式供水两种。中心供水湿式打眼机具的压力水沿着打眼机具轴线的水针，经钎杆中心孔、钎头水孔进入孔底。侧式供水湿式打眼机具的压力水不经打眼机具，而由钎尾的给水套进入钎杆，经钎杆中心孔至孔底。湿式打眼的降尘效果十分显著，降尘率达到 90％ 以上，湿式打眼可使作业地点空气的含尘浓度降低到 10 毫克/米³ 左右。

146. 什么是水封爆破与水炮泥？

（1）水封爆破。水封爆破是指在打好炮眼以后，首先注入一定量的压力水，水沿矿物质节理、裂隙渗透，矿物质被润湿到一定的程度后，把炸药填入炮眼，然后插入封孔器，封孔后在具有一定压力的情况下进行爆破。水封爆破虽能降尘、消烟和消火，但是，当炮眼的水流失过多时，也会造成放空炮，所以对炮眼中水的流失应注意。

（2）水炮泥。水炮泥就是将难燃、无毒、有一定强度的盛水塑料袋代替黏土炮泥填入炮眼内，起到爆破封孔的作用。水袋封口是关键，目前多使用自动封口塑料水袋，装满水后袋口自行封闭。爆破时水袋破裂，水在高温高压下汽化，与尘粒凝结，达到降尘的目的。水炮泥的防尘原理与水封爆破实质上是一致的，水借助于炸药爆炸时产生的压力而压入矿物层裂隙，且爆破的热量可使水汽化，其降尘效果更明显。另外，炸药爆炸时可产生大量的炮烟，炮烟中易溶于水的有害气体遇水蒸气而减少，从而降低了有害气体的浓度。实测表明：使用水炮泥，其降尘率可达 80%，空气中的有害气体可减少 37%～46%。此外，使用水炮泥还容易处理瞎炮。

147. 什么是湿式喷射混凝土?

湿式喷射混凝土也称湿式喷浆，是指将一定配比的水泥、砂子、石子，用一定量的水预先拌和好（水灰比为 0.4 左右），然后将湿料缓缓不断送入喷浆机料斗进行喷浆作业。由于在混合料中预加水搅拌，水泥水化作用充分，而且水泥被吸附在砂石表面结成大颗粒，使水泥失去浮游作用，大幅度抑制了粉尘的扩散。同时预湿的潮料比湿料（水灰比＞0.35）黏结性小，能保证物料顺利输送，因此湿式喷浆对减弹、降尘有明显的效果。

148. 什么是喷雾降尘? 主要有哪些优缺点?

喷雾降尘是指液体在一定的压力作用下，通过喷雾器的微孔喷出，形成雾状水滴并与空气中浮游粉尘接触而捕捉沉降的方法。其降尘机理是通过喷雾方式将液体变为液滴、液膜、气泡等形式的液体捕集体，并与尘粒接触，使得液体捕集体和粉尘之间产生惯性碰撞、截留、布朗扩散、凝集、静电及重力沉降等作用，将粉尘从含尘气流中分离出来。

喷雾降尘是目前广泛应用的一种防尘措施之一，与其他防尘措施相比，具有结构简单、使用方便、耗水量少、降尘效率高、费用低等优点。缺点是喷雾降尘将增加作业场所空气的湿度，影响作业场所环境。

149. 影响喷雾降尘效果的主要因素有哪些?

（1）粉尘的润湿性与密度。润湿性好的粉尘，亲水粒子很容易通过液体捕集体，碰撞、截留、扩散效率高。润湿性差的粉尘与液体接触碰撞时，能产生反弹现象，碰撞、截留、扩散效率低，除尘效率低。因此，对于难润湿的粉尘，应向液体中添加润湿剂来降低表面张力，以提高降尘效率。粉尘密度越大，碰撞效率越高，粉尘越易沉降，降尘效率也越高。

（2）喷雾作用范围与质量。雾体作用范围是指喷出的雾体所占的空间。雾体作用长度、有效射程和扩散角越大，喷雾作用范围越大，降尘量越大，降尘效果越好。

喷雾质量主要指雾滴粒径、雾滴密度及雾滴分布。雾滴粒径是影响捕尘效率的重要因素，在水量相同的情况下，雾滴越细，雾滴数量越多，比表面积越大，接触尘粒的机会就越多，碰撞、截留、扩散及凝聚效率也越高。但雾滴直径过小，雾滴容易随气流一起运动，将减小粉尘与液体捕集体的相对速度，降低碰撞效率，且在沉降过程中容易蒸发。

（3）液体供给相关参数。液体供给相关参数包括压力、流量、水质、黏度等，与喷雾作用范围与质量密切相关。液体提供压力越大，雾体衰减慢，同一位置雾滴的运动速度越大，单位体积的雾滴数量越大，雾体分布越好。雾滴粒径相同的情况下，供水流量越大，雾滴数量越多，接触尘粒的机会就越多，碰撞、截留、扩散及凝聚效率也越高，除尘效率也越高。水质包括水中悬浮物含量、悬浮物粒径和 pH值。水质差，悬浮物含量多，悬浮物粒径大，容易造成喷嘴堵塞，降低喷雾作用范围与质量。pH值太大或太小将影响作业环境并腐蚀喷嘴。液体黏度越高，越不易产生细小颗粒液滴，除尘效率也越差。

（4）喷雾器类型与安装方式。目前用于降尘的喷雾器类型较多，产生的雾体作用长度、有效射程和扩散角不同，其雾滴粒径、雾滴密度及雾滴分布也不同，降尘效果也不相同。比如，空气参与雾化作用的量越多，喷雾器雾滴粒径越细，雾滴密度越大，雾滴分布越均匀，喷雾质量越好，降尘效果越显著。

压力水从喷孔喷出后，距离越远，雾粒越分散，雾滴运动速度和单位体积的雾滴数量越少，降尘效果越差，但距喷雾出口太近，喷雾作用范围小，因此，喷雾器与产尘点的距离应根据现场实际确定。一般来说，直接喷向产尘点喷雾降尘的合理距离为 1.5～2.5 米。

（5）粉尘与液体捕集体的相对速度。其相对速度越大，互相冲击能量越大，碰撞、凝聚效率就越高，同时，较大的相对速度有利于克服液体表面张力而使粉尘被润湿捕获。

135

150. 荷电喷雾降尘机理是什么？其主要用于哪些行业？

（1）降尘机理。悬浮粉尘大部分带有电荷，如水雾上有与粉尘极性相反的电荷，则带水雾粒不但对相反极性电荷的尘粒具有静电引力，而且水雾带电使粉尘颗粒上产生感应符号相反的镜像电荷，水雾对不带电荷的尘粒具有镜像力，这样，水雾对尘粒的捕集效率及凝聚力显著增强，导致尘粒增重而沉降，从而提高降尘效果。影响荷电液滴捕尘效率的最主要因素是液滴与粉尘的荷电量，液滴与粉尘的荷电量越大，荷电液滴与粉尘之间的静电力就越大，捕集效率就越高。

（2）常用的生产范围。该技术在选矿企业石灰石粗破碎车间应用后，降尘效果比清水高 15%。在转载矿石的链头卸料机卸载点应用荷电喷雾降尘技术后，全尘、呼吸性粉尘降尘效率分别比清水高18.1%和58.8%。在煤炭运输及放煤口应用后，全尘降尘效率比清水高 44.97%～48.36%，呼吸性粉尘降尘效率比清水高 50.94%～69.08%。

151. 水雾荷电的方法有哪些?

（1）感应荷电。感应荷电是外加电压直接加在感应圈上，而喷嘴设在感应圈的中心，这样当水雾通过高压感应圈与接地喷嘴之间的电场时，电场中有大量的运动离子，从而使由喷嘴喷出的水雾带上与感应环相反极性的电荷。此法控制水雾荷电量及荷电极性比较容易，可以在不太高的电压下获得较高的水雾荷质比。

（2）电晕荷电。电晕荷电是让水雾通过电晕场荷电的方法。电晕过程发生于电极和接地极之间，电极之间的空间内形成高浓度的气体离子，水滴通过这个空间时，将在百分之几秒的时间内因碰撞俘获气体离子而导致荷电。

（3）喷射荷电。喷射荷电是让水高速通过某种非金属材料制成的喷嘴，水与喷嘴摩擦过程中带上电荷，其荷电量与带电极性受喷嘴材料、喷水量、水压等因素影响。此法带电性和荷电量较难控制，荷电也不够充分。

152. 什么是磁水降尘? 使用时应考虑哪些主要因素?

水经磁化处理后，受磁场作用，水分子缔合体分解，水的导电率和黏度降低，水分子之间的电性吸引力减小，具有较强的活性，这样，既降低了水的表面张力，使其与粉尘表面的相互吸引力增加，更容易在粉尘表面吸附，增加粉尘的润湿性，又可使水的晶构变短，使水珠变细变小，有利于提高水的雾化程度，从而提高降尘效果。以上的工作过程称为磁水降尘。

采取磁水降尘方法应考虑的主要因素如下：

（1）对水的磁化方式。按产生磁场的方式，磁水器一般有永磁式及电磁式两种。永磁式不需要外加能量，结构简单，但磁场强度较低，也不易调节，且使用的铁磁性物质容易发生温度升高而引起退磁现象。电磁式通过激磁电流产生磁场，磁场强度可调，但构造较复杂，且存在安全问题。另外，由于铁磁性物质具有磁化强度的各向异性，且有些各向异性常数随温度升高而下降，有些甚至当温度升高至一定值时改变符号，有些则随温度升高而先降后升，采用时应注意。

（2）水流方向、流速及磁感应强度。将水以一定速度通过一个或多个磁路间隙，水流方向与磁场垂直或平行均可得到磁化水，故设计时一般取水流方向与磁场垂直或平行。由于许多离子的抗磁性要强于水，磁化水体时最好使离子在水体中分散均匀，磁化水应保持紊流状态，其管壁也应有一定的粗糙度。磁感应强度方面，磁感应强度与水的物理化学性能改变并非呈线性关系，需通过实验确定最佳的磁感应强度。

153. 什么是高压静电控尘？其基本原理是什么？

高压静电控尘是指用高压静电控制产生的悬浮粉尘，把扬起的粉尘就地控制在尘源附近。高压静电控尘把静电除尘的基本原理和尘源控制方法结合起来，既可用于开放性尘源，也可用于封闭性尘源，主要用来控制振动筛、破碎机、运输机转载点、皮毛刮软机、皮毛裁制工作地点等尘源。

高压静电控制系统主要由电源控制器、高压发生器和高压电场三部分组成。交流电经高压发生器升压整流后，通过电缆线向电线输送直流负高压。这样，电晕线与尘源及密闭罩之间就形成了一个高压静电场。在静电场中，电晕线周围的空气被电离，产生大量正负离子，正离子向阴极（即电晕线）方向运动，负离子向阳极（即尘源以及密封罩内侧板）方向运动，负离子在向阳极运动过程中，使电场中的粉尘荷电，在电场力的作用下，荷电粉尘向阳极运动，从而达到抑制粉尘的目的。对于高压静电控制开放性尘源，其原理与控制封闭性尘源基本相同，所不同的是，高压静电场仅由电晕线与尘源组成，尘源为阳极。

154. 什么是化学降尘？主要方法有哪些？

化学降尘是指采用化学的方法来减少浮游粉尘的产生，以提高其降尘效果。能显著降低溶剂（一般为水）表面张力和液－液界面张力的物质称为表面活性剂，是化学降尘的核心物质。表面活性剂具有亲水、亲油的性质，能起乳化、分散、增溶、洗涤、润湿、发泡、消泡、保湿、润滑、杀菌、柔软、拒水、抗静电、防腐蚀等一系列作用。表面活性剂一般以亲水基团的结构为依据来分类，通常分为离子型、非离子型、特殊类型的表面活性剂。

化学降尘的方法主要有润湿剂降尘、泡沫降尘、化学抑尘剂保湿黏尘抑尘。

155. 什么是润湿剂降尘？其降尘机理是什么？

润湿作用是一种界面现象，它是指凝聚态物体表面上的一种流体被另一种与其不相混溶的流体取代的过程，常见的润湿现象是固体表面被液体覆盖的过程。

润湿剂一般由表面活性剂和相关助剂复配而成。作为增加润湿作用的表面活性剂一般为阴离子表面活性剂，如高级脂肪酸盐、磺酸盐、硫酸酯盐、磷酸酯盐、脂肪酸－肽缩合物等。助剂是为了提高润湿效果而添加的，常用助剂有硫酸钠、氯化钠等无机盐类。目前研制了很多种润湿剂，并用于煤体及破碎物料预先润湿黏结、湿式作业、喷雾等减尘降尘措施。

以阴离子表面活性剂和硫酸钠、氯化钠等无机盐类助剂的润湿剂为例，一方面，润湿剂的表面活性剂是由极性的亲水基和非极性的憎水基（或称亲油基）两部分组成的化合物，表面活性剂分子的亲油基一般是由碳氢原子团，即烃基构成的。润湿剂溶于水时，其分子完全被水分子包围，亲水基一端使分子引入水，而憎水基一端被排斥使分子离开水伸向空气或油。于是表面活性剂的分子会在水溶液表面形成紧密的定向排列，即界面吸附层，由于存在界面吸附层，水的表层分子与空气的接触状态发生变化，接触面积大大缩小，水的表面张力降低。另一方面，固体或粉尘的表面由疏水和亲水两种晶格组成，表面活性剂离子进入固体或粉尘表面空位，与已吸附的离子成对，如固体或粉尘的正离子与阴离子表面活性剂相吸引，阴离子表面活性剂的疏水基进入固体或粉尘空位，使固体或粉尘的疏水晶格转化为亲水状态，这样，增加了固体或粉尘对水的润湿性能，提高减尘降尘效果。

156. 什么是泡沫降尘？泡沫药剂主要成分有哪些？

泡沫降尘是利用表面活性剂的特点，使其与水一起通过泡沫发生器，产生大量的高倍数的泡沫，利用无空隙的泡沫体覆盖和隔断尘源。泡沫降尘原理包括：拦截、黏附、润湿、沉降等，泡沫几乎可以捕集全部与其接触的粉尘，尤其对细微粉尘有更强的聚集能力。泡沫的产生有化学方法和物理方法两种，降尘的泡沫一般是物理方法产生的，属机械泡沫。

泡沫除尘效率主要取决于泡沫药剂的成分。泡沫药剂一般有起泡剂、稳定剂、增溶剂等表面活性剂（或称助剂）等成分。

（1）起泡剂。在泡沫降尘中，由于发泡剂的分子结构不同，相同条件下发泡倍数也不一样。起泡剂性能的强弱，直接影响泡沫发生量和降尘效率，一般降尘中应用的泡沫倍数为 10～400 倍。

（2）稳定剂。稳定剂（或称稳泡剂）是指在发泡剂中能引起稳定泡沫作用的某种助剂（表面活性剂）。泡沫的稳定性取决于泡沫药剂配方、发泡方式和泡沫赋存的外界因素，破泡时间的长短决定于排液快慢和液膜强度，而液膜强度的大小受泡沫液表面张力、溶液黏度、分子大小及分子间作用力强弱等因素的影响。

（3）增溶剂。表面活性剂在水溶液中形成胶束后具有使不溶或微溶于水的有机物溶解度显著增大的能力，即增溶。能产生增溶作用的表面活性剂叫增溶剂，被增溶的有机物称为被增溶物。影响增溶作用的主要因素是增溶剂和被增溶物的分子结构和性质、温度、有机添加物、电解质等。因此，泡沫药剂配方中增溶剂是必不可少的成分。

157. 什么是化学抑尘剂保湿黏结粉尘？化学抑尘剂主要有哪些类型？

化学抑尘剂主要由表面活性剂和其他材料组成，化学抑尘剂保湿黏结粉尘主要在处理地面道路运输、地下巷道的落尘或粉料中应用，它是指将化学抑尘剂和水的混合物喷洒覆盖于原生粉尘或落尘上，使得原生粉尘或落尘保湿黏结，从而防止这些粉尘在外力作用下飞扬。按其主要作用原理，用于保湿黏结落尘的化学抑尘剂主要可分为黏结型和固结型抑尘剂以及吸湿保湿型抑尘剂。

（1）黏结型和固结型抑尘剂。黏结型和固结型抑尘剂是将一些无机固结材料或有机黏性材料的水溶液喷洒到落尘中黏结、固结落尘，防止落尘二次飞扬。黏结型和固结型抑尘剂可广泛应用于建筑工地、土路面、堤坝、矿井巷道、散体堆放场等领域的落尘黏结。固结型抑尘剂的主要化学成分通常有石灰、粉煤灰、泥土、黏土、石膏、高岭土等无机固结材料。可作为黏结型抑尘剂的材料一般有原油重油、橄榄油废渣、石油渣油、生物渣油、木质素衍生物、煤渣油、沥青、石蜡、石蜡油、减压渣油、植物废油等有机黏性材料或加工成这些有机黏性材料的乳化物。

（2）吸湿保湿型抑尘剂。吸湿保湿型抑尘剂是利用一些吸水、保水能力较强的化学材料的特性，将这些固态或液态材料喷洒到需要抑制原生粉尘或落尘飞扬的场所，使原生粉尘或落尘保持较高的含水率而黏结，从而防止其飞扬。常用的吸湿保湿型抑尘剂可分为高聚物超强吸水树脂抑尘剂和无机盐类吸湿保湿型抑尘剂两大类。

目前的高聚物超强吸水树脂可分为三大系列，即淀粉系（如淀粉接枝丙烯腈、淀粉楼甲基酯等）、纤维素系（如纤维素接枝丙烯酸盐、纤维素羧甲基化环氧氯丙烷等）、合成聚合物系（如聚丙烯酸盐、聚丙烯酰胺、聚乙烯醇－丙烯酸接枝共聚物等）。无机盐类吸湿保湿型抑尘剂的材料主要有卤化物（如氯化钙、氯化镁、氯化铝）、活性氧化铝、水玻璃、碳酸氢铵、偏铝酸钠或其复合物等，这些材料比纯水的吸湿保湿效果要好，但脱水后不能重新吸水，吸湿保湿性能低于高聚物超强吸水树脂，有的无机盐材料在现场使用有异味，故应用越来越少。

158. 清除落尘的方法有哪些？

清除落尘可以有效防止粉尘再次飞扬污染，直接减少粉尘危害。清除落尘的方法包括冲洗落尘、清扫落尘、真空吸尘等。

（1）冲洗落尘。冲洗落尘是指用一定的压力水将沉积在产尘作业点及其下风侧地面或有限空间四周的粉尘冲洗到有一定坡度的排水沟中，然后通过排水沟将粉尘集中到指定地点处理。冲洗落尘清除效果好，既简单又经济，因此，我国隧道、地下铁道、地下巷道、露天矿山及地面厂房的很多地点均采用此法清除沉积粉尘。为了做好冲洗落尘工作，应注意以下几点：

1) 供水方法有两种，一种是供水管路系统供水，另一种是洒水车供水，具体供水方法应按照技术可行、经济合理的原则确定。

2) 在厂房冲洗落尘，地面和各层平台均应考虑防水，并有不少于1‰的坡度至排水沟，各层平台上的孔洞要设防水台。

3) 采用供水管路系统供水时，冲洗供水管路应保证能将水冲洗到所有能产生或沉积粉尘的地点，冲洗供水管路也可与消防供水系统合用。

4) 对禁止水湿的设备应设置外罩，所有金属构件均应涂刷防锈漆。北方地区应设采暖设备，建筑物外围结构内表面温度应保持在0℃以上。

5) 冲洗周期根据现场的产尘、积尘强度等具体情况确定，保证及时清除积尘。

(2) 人工清扫落尘。人工清扫落尘是指人工用一般的打扫工具把沉积的粉尘清扫集中起来，然后运到指定地点。这种方法不需要配备相关设备，投资少，但清扫工作本身会扬起部分粉尘，积尘范围大时要消耗大量的人力。为了做好清扫落尘工作，厂房设计应注意以下几点：

1) 接触粉尘和加工粉尘的设备应尽可能紧凑，减小死空间，以便清扫积尘。

2) 车间墙的内表面应光滑，建筑构件中的接合点，应仔细抹平并涂刷光滑，不应存留可沉积和堆积粉尘的空穴。

3）在可能从设备中泄出粉尘的车间中，不应存在可能在其上沉积粉尘的突出建筑结构，如由于生产要求而必须采用这类建筑结构时，突出部分与水平面的倾角不应大于 60 度。

4）装粉状物料的筒仓和料仓，宜用钢筋混凝土或金属制成，仓壁和出料斗的内壁应光滑，并装设专门装置以防止粉状物料结拱堵塞。筒仓和料仓的结构应采用溜管，以保证能完全卸出物料，墙与墙之间的夹角应圆滑。

（3）真空清扫。真空清扫就是依靠通风机或真空泵的吸力，用吸嘴将积尘（连同运载粉尘的气体）吸进吸尘装置，经除尘器净化后排至室外大气或车间空气中。真空清扫主要用在地面厂房除尘。

真空清扫吸尘装置主要有移动式和集中式两种。集中式适用于清扫面积较大、积尘量大的地面厂房，运行可靠，只需少数人员操作。移动式真空清扫机是一种整体设备，由吸嘴、软管、除尘器、高压离心式鼓风机或真空泵等部分组成。移动式真空清扫设备适用于积尘量不大的场合，使用起来比较灵活，主要用来清扫地面、墙壁、操作平台、地坑、沟槽、灰斗、料仓和机器下方难以清扫的角落，并能有效地吸除散落的金属或非金属碎块、碎屑和各种粉尘。移动式主要设备有移动式清扫器、真空清扫器、大型真空清扫车等。

第六部分　劳动防护用品及其使用

159. 什么是劳动防护用品?

劳动防护用品是指由用人单位为劳动者配备的,使其在劳动过程中免遭或者减轻事故伤害及职业病危害的个体防护装备。

劳动防护用品是在无法消除各种危险、有害因素的情况下,为保障劳动者的安全与健康所设置的最后一道防线,是保障劳动者安全与健康的辅助性、预防性措施。职业病危害的预防,最有效的做法依然是源头控制,比如使用无毒或低毒的原材料,或者采用先进技术、工艺和设备,从源头上消除和控制职业病危害。在充分采取工程技术措施和管理措施后,工作场所仍然存在职业病危害的,才能采取配备劳动防护用品这一补救性措施。

160. 国家如何对劳动防护用品进行规范管理?

按照国家"简政放权"和"放管结合"的要求,国家安全生产监督管理总局废止了 2005 年制定实施的《劳动防护用品监督管理规定》(国家安全生产监督管理总局令第 1 号)。为保持监管部门对用人单位劳动防护用品管理工作的延续性,加强用人单位劳动防护用品的管理,保护劳动者的生命安全和职业健康,依照《中华人民共和国安全生产法》《中华人民共和国职业病防治法》等法律、行政法规和规章，2015年12月29日，国家安全生产监督管理总局办公厅制定并下发了《用人单位劳动防护用品管理规范》（安监总厅安健〔2015〕124号，以下简称《规范》），以进一步督促企业加强劳动防护用品的管理，并就贯彻落实《规范》提出以下要求：

（1）要通过多种方式组织用人单位学习《规范》，指导用人单位对劳动防护用品的使用情况进行一次自查，并按照《规范》要求完善工作制度，为劳动者配备符合国家标准或者行业标准的劳动防护用品。

145

（2）要引导劳动防护用品生产企业积极利用市场机制、行业自律等方式，规范行业行为和企业管理，为用人单位提供符合要求的劳动防护用品。

（3）要把贯彻落实《规范》要求作为监督执法的重要内容，指导用人单位落实劳动防护用品管理各项要求，对未给劳动者配备劳动防护用品或者配备不符合国家标准或者行业标准劳动防护用品的，依法予以处罚。

161. 用人单位劳动防护用品管理的总体原则是什么？

根据《规范》，我国境内企业、事业单位和个体经济组织等用人单位应当建立健全劳动防护用品的管理工作。

（1）劳动防护用品是由用人单位提供的，保障劳动者安全与健康的辅助性、预防性措施，不得以劳动防护用品替代工程防护设施和其他技术、管理措施。

（2）用人单位应当健全管理制度，加强劳动防护用品配备、发放、使用等管理工作。

（3）用人单位应当安排专项经费用于配备劳动防护用品，不得以货币或者其他物品替代。该项经费计入生产成本，据实列支。

（4）用人单位应当为劳动者提供符合国家标准或者行业标准的劳动防护用品。使用进口的劳动防护用品，其防护性能不得低于我国相关标准。国家鼓励用人单位购买、使用获得安全标志的劳动防护用品。

（5）用人单位使用的劳务派遣工、接纳的实习学生应当纳入本单位人员统一管理，并配备相应的劳动防护用品。对处于作业地点的其他外来人员，必须按照与进行作业的劳动者相同的标准，正确佩戴和使用劳动防护用品。

162. 劳动防护用品是怎么分类的?

（1）按人体保护部位分类。行业推荐标准《劳动防护用品分类与代码》（LD/T 75—1995）实行以人体保护部位划分的分类标准，劳动防护用品可分为头部防护用品、呼吸器官防护用品、眼面部防护用品、听觉器官防护用品、手部防护用品、足部防护用品、躯干防护用品、护肤用品、防坠落及其他防护用品9大类。

1）头部防护用品包括一般工作帽、安全帽、防尘帽、防静电帽等。

2）呼吸器官防护用品包括防尘口罩和防毒面罩。

3）眼面部防护用品包括防护眼镜和防护面罩。

4）听觉器官防护用品包括耳塞、耳罩、防噪声头盔等。

5）手部防护用品包括一般防护手套、防水手套、防寒手套、防毒手套、防静电手套、防高温手套、防X射线手套、防酸（碱）手套、防振手套、防切割手套、绝缘手套等。

6）足部防护用品包括防尘鞋、防水鞋、防寒鞋、防静电鞋、防酸（碱）鞋、防油鞋、防烫脚鞋、防滑鞋、防刺穿鞋、电绝缘鞋、防振鞋等。

7）躯干防护用品包括一般防护服、防水服、防寒服、防砸背心、防毒服、阻燃服、防静电服、防高温服、防电磁辐射服、耐酸（碱）服、防油服、水上救生衣、防昆虫服、防风沙服等。

8）护肤用品可分为防毒护肤用品、防腐护肤用品、防射线护肤用品、防油漆护肤用品等。

9）防坠落用品包括安全带和安全网。

（2）按防御的职业病危害因素分类。根据《规范》，劳动防护用品分为以下 10 大类：

1）防御物理、化学和生物危险、有害因素对头部伤害的头部防护用品。

2）防御缺氧空气和空气污染物进入呼吸道的呼吸防护用品。

3）防御物理和化学危险、有害因素对眼面部伤害的眼面部防护用品。

4）防噪声危害及防水、防寒等的听力防护用品。

5）防御物理、化学和生物危险、有害因素对手部伤害的手部防护用品。

6）防御物理和化学危险、有害因素对足部伤害的足部防护用品。

7）防御物理、化学和生物危险、有害因素对躯干伤害的躯干防护用品。

8）防御物理、化学和生物危险、有害因素损伤皮肤或引起皮肤疾病的护肤用品。

9）防止高处作业劳动者坠落或者高处落物伤害的坠落防护用品。

10）其他防御危险、有害因素的劳动防护用品。

163. 用人单位选用劳动防护用品的程序和依据是什么?

用人单位应按照识别、评价、选择的程序，结合劳动者作业方式和工作条件，并考虑其个人特点及劳动强度，选择防护功能和效果适用的劳动防护用品。劳动防护用品选择程序如图 6—1 所示。

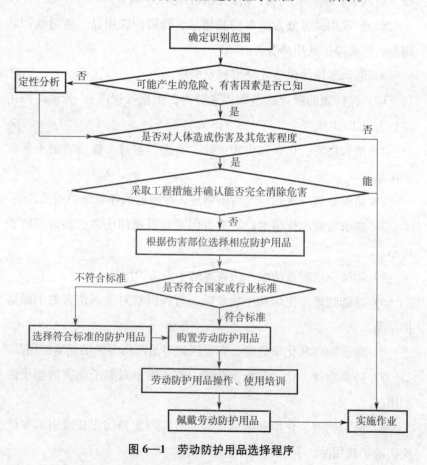

图 6—1　劳动防护用品选择程序

　　同一工作地点存在不同种类的危险、有害因素的，应当为劳动者同时提供防御各类危害的劳动防护用品。需要同时配备的劳动防护用品，还应考虑其可兼容性。劳动者在不同地点工作，并接触不同的危险、有害因素，或接触不同的危害程度的有害因素的，为其选配的劳动防护用品应满足不同工作地点的防护需求。

　　劳动防护用品的选择还应当考虑其佩戴的合适性和基本舒适性，根据个人特点和需求选择适合号型、式样。

　　用人单位应当在可能发生急性职业损伤的有毒、有害工作场所配备应急劳动防护用品，放置于现场临近位置并有醒目标识。用人单位应当为巡检等流动性作业的劳动者配备随身携带的个人应急防护用品。

164. 接触粉尘及有毒、有害物质的劳动者应如何配备劳动防护用品?

　　接触粉尘及有毒、有害物质的劳动者应当根据不同粉尘种类、粉尘浓度及游离二氧化硅含量和毒物的种类及浓度配备相应的呼吸器、防护服、防护手套、防护鞋等，具体可参照国家标准《呼吸防护用品—自吸过滤式防颗粒物呼吸器》（GB 2626—2006）、《呼吸防护用品的选择、使用及维护》（GB/T 18664—2002）及国家推荐标准《防护服装　化学防护服的选择、使用和维护》（GB/T 24536—2009）、《手部防护　防护手套的选择、使用和维护指南》（GB/T 29512—2013）和《个体防护装备　足部防护鞋（靴）的选择、使用和维护指南》（GB/T 28409—2012）等。呼吸器和护听器的选用见表6—1。

表 6—1   呼吸器和护听器的选用

危害因素	分类	要求
颗粒物	一般粉尘，如煤尘、水泥尘、木粉尘、云母尘、滑石尘及其他粉尘	过滤效率至少应满足国家标准《呼吸防护用品　自吸过滤式防颗粒物呼吸器》（GB 2626—2006）规定的 KN90 级别的防颗粒物呼吸器的标准
	石棉	可更换式防颗粒物半面罩或全面罩，过滤效率至少满足国家标准《呼吸防护用品　自吸过滤式防颗粒物呼吸器》（GB 2626—2006）规定的 KN95 级别的防颗粒物呼吸器的标准
	矽尘、金属粉尘（如铅尘、镉尘）、砷尘、烟（如焊接烟、铸造烟）	过滤效率至少满足国家标准《呼吸防护用品　自吸过滤式防颗粒物呼吸器》（GB 2626—2006）规定的 KN95 级别的防颗粒物呼吸器的标准
	放射性颗粒物	过滤效率至少满足国家标准《呼吸防护用品　自吸过滤式防颗粒物呼吸器》（GB 2626—2006）规定的 KN100 级别的防颗粒物呼吸器的标准
	致癌性油性颗粒物（如焦炉烟、沥青烟等）	过滤效率至少满足国家标准《呼吸防护用品　自吸过滤式防颗粒物呼吸器》（GB 2626—2006）规定的 KP95 级别的防颗粒物呼吸器的标准
化学物质	窒息气体	隔绝式正压呼吸器
	无机气体、有机蒸气	防毒面具。工作场所毒物浓度超标不大于 10 倍，使用送风或自吸过滤半面罩。工作场所毒物浓度超标不大于 100 倍，使用送风或自吸过滤全面罩。工作场所毒物浓度超标大于 100 倍，使用隔绝式或送风过滤式全面罩
	酸、碱性溶液、蒸气	防酸碱面罩、防酸碱手套、防酸碱服、防酸碱鞋
噪声	劳动者暴露于工作场所，8 小时等效声级大于等于 80 分贝，小于 85 分贝	用人单位应根据劳动者需求为其配备适用的护听器
	劳动者暴露于工作场所，8 小时等效声级大于等于 85 分贝	用人单位应为劳动者配备适用的护听器，并指导劳动者正确佩戴和使用。劳动者暴露于工作场所的 8 小时等效声级为 85～95 分贝的，应选用护听器信噪比为 17～34 分贝的耳塞或耳罩。劳动者暴露于工作场所的 8 小时等效声级大于等于 95 分贝的，应选用护听器信噪比大于等于 34 分贝的耳塞、耳罩或者同时佩戴耳塞和耳罩，耳塞和耳罩组合使用时的声衰减值，可按二者中较高的声衰减值增加 5 分贝估算

165. 接触高毒物的劳动者应如何配备劳动防护用品?

工作场所存在高毒物品目录中的确定人类致癌物质见表 6—2，当浓度达到其 1/2 职业接触限值（PC—TWA 或 MAC）时，用人单位应为劳动者配备相应的劳动防护用品，并指导劳动者正确佩戴和使用。

表 6—2　　　　高毒物品目录中确定人类致癌物质

序号	毒物名称	英文名称	最高容许浓度（毫克/米³）	时间加权平均容许浓度（毫克/米³）
1	苯	benzene	—	6
2	甲醛	formaldehyde	0.5	—
3	铬及其化合物（三氧化铬、铬酸盐、重铬酸盐）	chromic and compounds (chromium trioxide, chromate, dichromate)	—	0.05
4	氯乙烯	vinyl chloride	—	10
5	焦炉逸散物	coke oven emissions	—	0.1
6	镍与难溶性镍化合物	nickel and insoluble compounds	—	1
7	可溶性镍化合物	soluble nickel compounds	—	0.5
8	铍及其化合物	beryllium and compounds	—	0.0005
9	砷及其无机化合物	arsenic and inorganic compounds	—	0.01
10	砷化（三）氢；胂	arsine	0.03	—
11	（四）羰基镍	nickel carbonyli	0.002	—
12	氯甲基醚	chloromethyl methyl ether	0.005	—
13	镉及其化合物	cadmium and compounds	—	0.01
14	石棉总尘/纤维	asbestos	—	0.8 0.8 根/毫升

注：根据最新发布的《高毒物品目录》和确定人类致癌物质随时调整。

166. 用人单位应当如何采购劳动防护用品?

（1）用人单位应当根据劳动者工作场所中存在的危险、有害因素种类及危害程度、劳动环境条件、劳动防护用品有效使用时间制定适合本单位的劳动防护用品配备标准，见表6—3。

（2）用人单位应当根据劳动防护用品配备标准制订采购计划，购买符合标准的合格产品。

（3）用人单位应当查验并保存劳动防护用品检验报告等质量证明文件的原件或复印件。

（4）用人单位应当确保已采购劳动防护用品的存储条件，并保证其在有效期内。

表6—3　　　　　用人单位劳动防护用品配备标准

岗位/工种	作业者数量	危险、有害因素类别	危险、有害因素浓度/强度	配备的防护用品种类	防护用品型号/级别	防护用品发放周期	呼吸器过滤元件更换周期

167. 用人单位应当如何为劳动者发放、培训使用劳动防护用品?

（1）用人单位应当按照本单位制定的配备标准发放劳动防护用品，并做好登记，劳动防护用品发放登记表见表6—4。

（2）用人单位应当制订培训计划，对劳动者进行劳动防护用品的使用、维护等相关法律法规和标准以及专业知识的培训。

（3）应在专业人员的指导、监督下，对作业人员进行劳动防护用品的实际操作培训。

（4）未按照规定佩戴和使用劳动防护用品的人员，不得上岗作业，并根据需要进行再培训。

（5）用人单位应当督促劳动者在使用劳动防护用品前，对劳动防护用品进行检查，确保外观完好、部件齐全、功能正常。

（6）用人单位应当定期对劳动防护用品的使用情况进行检查，确保劳动者正确使用。

表6—4　　　　　　　　劳动防护用品发放登记表

单位/车间：

序号	岗位/工种	员工姓名	防护用品名称	型号	数量	领用人签字	备注

发放人：　　　　　　　　　　　　　　日期：　　年　　月　　日

168. 用人单位应当如何维护、更换和报废劳动防护用品？

（1）劳动防护用品应当按照要求妥善保存，及时更换。公用的劳动防护用品应当由车间或班组统一保管，定期维护。

（2）用人单位应当对应急劳动防护用品进行经常性的维护、检修，定期检测劳动防护用品的性能和效果，保证其完好有效。

（3）用人单位应当按照劳动防护用品发放周期定期发放，对工作过程中损坏的，用人单位应及时更换。

（4）安全帽、呼吸器、绝缘手套等安全性能要求高、易损耗的劳

动防护用品，应当按照有效防护功能最低指标和有效使用期，到期强
制报废。

169. 呼吸防护用品的分类和配备标准有哪些?

根据国家推荐标准《个体防护装备配备基本要求》（GB/T 29510—
2015），呼吸防护用品的分类和配备标准见表 6—5。

表 6—5　　　　　　　呼吸防护用品的分类和配备标准

防护分类	防护装备名称	特点	分级	级别指标	参考适用范围
呼吸防护	过滤式呼吸防护装备	自吸过滤式防颗粒物呼吸器	靠佩戴者呼吸克服部件气流阻力，防御颗粒物的伤害	KN/KP 90	过滤效率≥90.0%	适用于存在颗粒物空气污染的环境，不适用于防护有害气体或蒸气。KN 适用于非油性颗粒物，KP 适用于油性和非油性颗粒物。适用浓度范围见国家推荐标准《呼吸防护用品的选择、使用与维护》（GB/T 18664—2002）表 3
			KN/KP 95	过滤效率≥95.0%	
			KN/KP 100	过滤效率≥99.97%	
		自吸过滤式防毒面具	靠佩戴者呼吸克服部件阻力，防御有毒、有害气体或蒸气、颗粒物等对呼吸系统或眼面部的伤害	1级	一般防护时间，参见国家标准《呼吸防护 自吸过滤式防毒面具》（GB 2890—2009）表 5	适合有毒气体或蒸气的防护，适用浓度范围见国家推荐标准《呼吸防护用品的选择、使用与维护》（GB/T 18664—2002）表 3
			2级	中等防护时间，参见国家标准《呼吸防护 自吸过滤式防毒面具》（GB 2890—2009）表 5	

154

续表

防护分类	防护装备名称	特点	分级	级别指标	参考适用范围
呼吸防护	过滤式呼吸防护装备	自吸过滤式防毒面具	靠佩戴者呼吸克服部件阻力，防御有毒、有害气体或蒸气、颗粒物等对呼吸系统或眼面部的伤害	3级	高等防护时间，参见国家标准《呼吸防护 自吸过滤式防毒面具》(GB 2890—2009) 表5	适合有毒气体或蒸气的防护，适用浓度范围见国家推荐标准《呼吸防护用品的选择、使用与维护》(GB/T 18664—2002) 表3
			4级	特等防护时间，参见国家标准《呼吸防护 自吸过滤式防毒面具》(GB 2890—2009) 表5	
			P1	一般能力的滤烟性能效率≥95.0%	适合毒性颗粒物的防护，适用浓度范围见国家推荐标准《呼吸防护用品的选择、使用与维护》(GB/T 18664—2002) 表3
			P2	中等能力的滤烟性能效率≥99.0%	
			P3	高等能力的滤烟性能效率≥99.99%	
		送风过滤式防护装备	靠动力（如电动风机或手动风机）克服部件阻力，防御有毒、有害气体或蒸气、颗粒物等对呼吸系统或眼面部的伤害	—	—	适用浓度范围见国家推荐标准《呼吸防护用品的选择、使用与维护》(GB/T 18664—2002) 表3
	隔绝式呼吸防护装备	正压式空气呼吸防护装备	使用者任一呼吸循环过程中面罩内压力均大于环境压力	—	—	适用于各类颗粒物和有毒有害气体环境，适用浓度范围见国家推荐标准《呼吸防护用品的选择、使用与维护》(GB/T 18664—2002) 表3
		负压式空气呼吸防护装备	使用者任一呼吸循环过程面罩内压力在吸气阶段均小于环境压力	—	—	

155

防护分类	防护装备名称		特点	分级	级别指标	参考适用范围
呼吸防护	隔绝式呼吸防护装备	自吸式长管呼吸器	靠佩戴者自主呼吸得到新鲜、清洁空气	—	—	适用于各类颗粒物和有毒有害气体环境，适用浓度范围见国家推荐标准《呼吸防护用品的选择、使用与维护》(GB/T 18664—2002) 表3
		送风式长管呼吸器	以风机或空压机供气为佩戴者输送清洁空气	—	—	
		氧气呼吸器	通过压缩氧气或化学生氧剂罐向使用者提供呼吸气源	—	—	

170. 什么是防尘口罩?

防尘口罩属于自吸过滤式防颗粒物呼吸器，是用于防止或减少空气中粉尘进入人体呼吸器官的个人防护用品。生产作业场所配备的防尘口罩，主要用于防止或减少生产环境中的粉尘、烟、雾以及微生物等颗粒物进入人体呼吸器官，从而保护人体安全健康。

防尘口罩可分为简易防尘口罩和复式防尘口罩。简易防尘口罩是指吸气和呼气都通过滤料的自吸过滤式防尘口罩。复式防尘口罩是指配有滤尘盒和呼吸阀，吸气和呼气分离的自吸过滤式防尘口罩。

防尘口罩的阻尘效率是指在一定的粉尘浓度和气流条件下，佩戴防尘口罩和不佩戴防尘口罩时，尘滤膜增重值之差与不佩戴防尘口罩时滤膜增重值之比，用百分数表示。

防尘口罩具有使用和携带方便等特点，广泛应用于煤矿、非煤矿山、交通运输、装卸、建材、建筑、机械、铸造、医药、化工、养殖等有粉尘、烟雾环境的生产领域。

171. 防尘口罩有哪些分类?

（1）按过滤材料分为以下两类：

1）静电纤维防尘口罩。通过纤维中的静电吸附超微颗粒，具有防护率高、透气好的优点。

2）玻璃纤维防尘口罩。由于不可降解等原因，此类防尘口罩极少有企业生产。

（2）按颗粒物分类。根据颗粒物性质分为 KN（防非油性颗粒物）类防尘口罩和 KP（防油性颗粒物）类防尘口罩两种。非油性颗粒物是指粉尘、烟、雾、微生物等非油性颗粒物。油性颗粒物是指油烟、油雾等油性颗粒物。KP 类防尘口罩同时可防非油性颗粒物。

（3）按组成形态分为以下几类：

1）粉尘防护鸭嘴形口罩。鸭嘴形口罩采用船型设计，外部有可供调节的鼻夹线，内部有海绵条，松紧带设计更加符合力学要求，密闭性能好，能绕过耳部，跨在头部，避免了由于长期佩戴口罩而造成的耳部不适，提高佩戴的舒适度。

鸭嘴形口罩的立体设计使交谈更加方便，特别适用于净化室、医疗用防止细菌、病毒感染，工业用阻隔微小灰尘。鸭嘴形口罩是全自动生产线制作。其内外层采用柔软聚丙烯无纺布制成，可减少纤维脱落现象，增加佩戴的舒适度。过滤层采用高效能熔喷材质，可有效阻绝粉尘及空气中非油性微粒。鸭嘴形口罩广泛应用于建筑、矿业、纺织、打磨、制药、水泥、玻璃、五金等生产行业。

2）带呼吸阀防尘口罩。带呼气阀设计，减少热量积聚，使呼吸更轻松，适合高温、高湿环境下长时间使用，采用无毒、无味、无过敏、无刺激的原材料制作。该类口罩高滤效、低阻力，可调节鼻夹使口罩与脸部的密闭性更好，粉尘不能轻易漏入经过静电处理的过滤层，有效地隔滤和吸附极细微的有害工业粉尘，防止矽肺病。氨纶丝材料的松紧带对佩戴者具有更有效的保护。此种口罩广泛应用于建筑业、农业、畜牧业、食品加工业、水泥和纺织工业以及存在切割粉尘、重金属有害污染物的作业场所。

（4）按产品类型分为以下几类：

1）随弃式防尘口罩。此类口罩是主要由滤料构成面罩主体的不可拆卸的半面罩，有或无呼气阀，一般不能清洗再用，任何部件失效即应废弃。

2）可更换式半面罩型防尘口罩。此类口罩是有单个或多个可更换过滤元件的密合型面罩，有或无呼吸气阀，有或无呼吸导管。根据是否可以拆解，分两类：不可拆解型和可拆解型。

（5）根据面部覆盖面积分三类：二分之一半面罩、四分之一半面罩和全面罩。二分之一半面罩是能覆盖口、鼻和下颌的密合型面罩。四分之一半面罩是能覆盖口和鼻的密合型面罩。全面罩是能覆盖口、鼻、眼睛和下颌的密合型面罩。

172. 煤矿防尘口罩配备是如何规定的？

（1）配备范围。配备范围涉及煤矿井下接触粉尘的所有工种及煤矿井上、洗选煤及露天煤矿部分工种，产品技术要求应符合相关规定。

（2）使用期限。煤矿防尘口罩使用期限为 1 个月至 3 个月。

1）使用期限不超过 1 个月的工种。煤矿井下：采煤工、综采工（机采工）、掘进工（砌工）、锚喷工及充填工。

2）使用期限不超过两个月的工种。煤矿井下：爆破工、巷道维修工、皮带司机、链板司机、瓦斯检查员（测气工）及井下测尘工。煤矿井上：充电工、注浆工及皮带机选矸工。洗选煤厂：浮沉试验工。

3）使用期限不超过 3 个月的工种。煤矿井下：钉道工、搬运工、采掘机电维修工、通风密闭工、井下送水送饭工、清洁工、验收员、管柱工及采掘区队长和采、掘、基建、通、运、修区工程技术人员。煤矿井上：火药管理工及井口电梯司机。露天煤矿：电铲车司机、助手、露天穿孔工、推土机司机、平道机司机、电镐扫道工、平道机助手、坑下放炮工、排土扫车工、摇道机司机、露天架线工、露天换线工、电力和电讯外线电工、坑下电话移设维修工、坑下检修工、坑下信号维修工、起重工、坑下管工、钻探工、矿用重型汽车司机、挖掘机司机、工程机械司机、穿孔机司机、煤场付煤工、检车工、煤质采样监装工、煤油化验员、计量员、破碎机司机、破碎机维修工、胶带运行工。洗选煤厂：破碎机司机及洗煤机工。

173. 如何正确选择和佩戴防尘口罩？

（1）防尘口罩的选择原则有以下几点：

1）防尘口罩是特种劳动防护用品，必须获得国家标准认证。

2）根据作业环境中颗粒物的属性，正确选择适合 KN 或者 KP 类型防尘口罩。

3）根据颗粒物的浓度及颗粒大小，正确选择 KN90（KP90）、KN95（KP95）或者 KN100（KP100）等级过滤元件，高等级过滤元件能有效过滤颗粒物，杜绝呼吸伤害。

4）根据佩戴者身高体重，正确选择防尘口罩的号型，保证面部贴合的密合性。

5）选择呼吸阻力低、呼吸顺畅的防尘口罩，减少工作干扰。

6）半面罩中，覆盖口、鼻、下颌型的防尘口罩面部压感低。

（2）防尘口罩的正确使用方法。防尘口罩结构虽然简单，但使用并不简单。选择适用且适合的口罩只是防护的第一步，要想真正起到防护作用，必须正确使用，这不仅包括按照使用说明书佩戴，确保每次佩戴位置正确（不泄漏），还必须在接尘作业中坚持佩戴，及时发现口罩的失效迹象，及时更换。不同接尘环境粉尘浓度不同，每个人的使用时间不同，各种防尘口罩的容尘量不同，使用维护方法也不同，这些都会影响口罩的使用寿命，所以没有办法统一规定具体的更换时间。当防尘口罩的任何部件（如鼻夹、鼻夹垫等）出现破损、断裂和丢失，或明显感觉呼吸阻力增加时，应废弃整个口罩。

无论防毒还是防尘，任何过滤元件都不应水洗，否则会破坏过滤元件。使用中若有其他不适感，如头带过紧、阻力过大等，不允许擅自改变头带长度，或将鼻夹弄松等，应考虑选择更舒适的口罩或其他类型的呼吸器。好的呼吸器不仅适合使用者，更应具有一定的舒适度和耐用性，表现在呼吸阻力增加比较慢（容尘量大）、面罩轻、头带不容易松垮、面罩不易塌、鼻夹或头带固定牢固，选材没有异味及对皮肤没有刺激性等。

174. 防尘口罩的佩戴和保养注意事项有哪些?

（1）防尘口罩佩戴注意事项有以下几点：

1）佩戴前检查防尘口罩是否有破损。

2）佩戴者请保持面部清洁，男士不要留有胡须，否则会造成防尘口罩与面部结合处漏尘现象。

3）对于随弃式防尘口罩，佩戴时注意调节鼻夹处的金属夹，使其能与鼻梁很好地结合。

4）对于可更换式半面罩，佩戴好后注意做负压测试，检测面罩是否与面部很好地结合。

（2）防尘口罩保养注意事项有以下几点：

1）随弃式防尘口罩无须保养，使用一段时间后丢弃即可。

2）对于不可保养型半面罩型防尘口罩，应定期更换滤棉，定期清洗主体，如主体任意配件损坏需丢弃。

3）对于可保养型半面罩，应定期更换滤棉，定期清洗主体，如主体内任意配件损坏要及时更换配件。

175. 自吸过滤式防毒呼吸用品使用注意事项有哪些?

（1）使用前必须弄清作业环境中有毒物质的性质、浓度和空气中的氧含量，在未弄清楚作业环境以前，绝对禁止使用。当毒气浓度大于规定使用范围或空气中的氧含量低于 18% 时，不能使用自吸过滤式防毒面具（或防毒口罩）。

（2）使用前应检查部件和结合部的气密性，若发生漏气应查明原因。例如，面罩选择不合适或佩戴不正确，橡胶主体有破损，呼吸阀的橡胶老化变形，滤毒罐（盒）破裂，面罩的部件连接松动等。面罩只有在保持良好的气密状态时才能使用。

（3）检查各部件是否完好，导气管有无堵塞或破损，金属部件有无生锈、变形，橡胶是否老化，螺纹接头有无生锈、变形，连接是否紧密。

（4）检查滤毒罐表面有无破裂、压伤，螺纹是否完好，罐盖、罐底活塞是否齐全，罐盖内有无垫片，用力摇动时有无响声。检查面具袋内紧固滤毒罐的带、扣是否齐全和完好。

(5) 检查整套防毒面具连接后的气密性。在检查完各部件以后，应对整体防毒面具气密性进行检查，这很重要。简单的检查方法是打开橡胶底塞并吸气，此时如没有空气进入，则证明连接正确，如有漏气，则应检查各部位连接是否正确。

正确选用面罩的规格。在使用时，应使罩体边缘与脸部紧贴，眼窗中心位置应选在眼睛正前方下 1 厘米左右。

(6) 根据劳动强度和作业环境空气中有害物质的浓度选用不同类型的防毒面具，如低浓度的作业环境可选用小型滤毒罐的防毒面具。

(7) 严格遵守滤毒罐对有效使用时间的规定。在使用过程中必须记录滤毒罐已使用的时间、毒物性质、浓度等。若记录卡片上的累计使用时间达到了滤毒罐规定的时间，应立即停止使用。

(8) 在使用过程中，严禁随意拧开滤毒罐（盒）的盖子，并防止水或其他液体进入罐（盒）中。

(9) 防毒呼吸面具的眼窗镜片，应防摩擦划痕，保持视物清晰。

(10) 防毒呼吸用品应专人使用和保管，使用后应清洗、消毒。在清洗和消毒时，应注意温度，不可使橡胶等部件因受温度影响而发生质变受损。

176. 呼吸防护用品使用的一般原则有哪些？

(1) 任何呼吸防护用品的防护功能都是有限的，应让使用者了解所使用的呼吸防护用品的局限性。

(2) 使用任何一种呼吸防护用品都应仔细阅读产品使用说明，并严格按要求使用。

(3) 应向所有使用人员提供呼吸防护用品使用方法培训。

（4）使用前应检查呼吸防护用品的完整性、过滤元件的适用性、电池电量、气瓶储气量等，消除不符合有关规定的现象后才允许使用。

（5）进入有害环境前，应先佩戴好呼吸防护用品。对于密合型面罩，使用者应做佩戴气密性检查，以确认密合。

（6）在有害环境作业的人员应始终佩戴呼吸防护用品。

（7）当使用中感到异味、咳嗽、刺激、恶心等不适症状时，应立即离开有害环境，并应检查呼吸防护用品，确定并排除故障后方可重新进入有害环境；若无故障存在，应更换有效的过滤元件。

（8）若呼吸防护用品同时使用数个过滤元件，如双过滤盒，应同时更换。

（9）若新过滤元件在某种场合迅速失效，应重新评价所选过滤元件的适用性。

（10）除通用部件外，在未得到呼吸防护用品生产者认可的前提下，不应将不同品牌的呼吸防护用品部件拼装或组合使用。

（11）应对所有使用呼吸防护用品的人员进行定期体检，定期评价其使用呼吸防护用品的能力。

177. 低温环境下呼吸防护用品应如何使用？

（1）全面罩镜片应具有防雾或防霜的能力。

（2）供气式呼吸防护用品或正压式呼吸防护用品使用的压缩空气或氧气应干燥。

（3）使用正压式呼吸防护用品的人员应了解低温环境下的操作注意事项。

178. 过滤式呼吸防护用品过滤元件如何更换？

（1）防尘过滤元件的更换。防尘过滤元件的使用寿命受颗粒物浓度、使用者呼吸频率、过滤元件规格及环境条件的影响。随颗粒物在过滤元件上的富集，呼吸阻力将逐渐增加以致不能使用。当下述情况出现时，应更换过滤元件：

1）使用自吸过滤式呼吸防护用品，感觉呼吸阻力明显增加时。

2）使用电动送风过滤式防尘呼吸防护用品，确认电池电量正常，而送风量低于生产者规定的最低限值时。

3）使用手动送风过滤式防尘呼吸防护用品，感觉送风阻力明显增加时。

（2）防毒过滤元件的更换。防毒过滤元件的使用寿命受空气污染物种类及其浓度、使用者呼吸频率、环境温度、湿度条件等因素影响。一般按照下述方法确定防毒过滤元件的更换时间：

1）当使用者感觉到空气污染物味道或刺激性时，应立即更换。但利用空气污染物气味或刺激性判断过滤元件是否失效具有局限性。

2）对于常规作业，建议根据经验、实验数据或其他客观方法，确定过滤元件更换时间表，定期更换。

3）每次使用后记录使用时间，帮助确定更换时间。

4）低沸点有机化合物通常会缩短普通有机气体过滤元件的使用寿命，每次使用后应及时更换。对于其他有机化合物的防护，若两次使用时间相隔数日或数周，重新使用时也应考虑更换。

179. 供气式呼吸防护用品如何使用？

（1）使用前应检查供气气源质量，气源不应缺氧，空气污染物浓度不应超过国家有关的职业卫生标准或有关的供气空气质量标准。

（2）供气管接头不允许与作业场所其他气体导管接头通用。

（3）应避免供气管与作业现场其他移动物体相互干扰，不允许碾压供气管。

（4）使用前应检查各部件是否齐全和完好，有无破损、生锈，连接部位是否漏气等。

（5）空气呼吸器使用的压缩空气钢瓶，绝对不允许用于充氧气。所用气瓶应按压力容器的规定定期进行耐压试验，凡已超过有效期的气瓶，在使用前必须经耐压试验合格才能充气。

（6）橡胶制品经过一段时间会自然老化而失去弹性，从而影响防毒面具的气密性。一般来说，面罩和导气管应每年更新，呼气阀每6个月应更换一次。若不经常使用而且保管妥善，面罩和吸气管可3年更换一次，呼气阀每年更换一次。

呼吸器不用时应装入箱内，避免阳光照射，存放环境温度应不高于40℃。存放位置固定，方便紧急情况时取用。

（7）使用的呼吸器除日常现场检查外，应每3个月（使用频繁时，可少于3个月）检查一次。

180. 呼吸防护用品如何检查与保养？

（1）应按照呼吸防护用品使用说明书中有关内容和要求，由受过培训的人员实施检查和维护，对使用说明书未包括的内容，应向生产者或经销者咨询。

（2）应对呼吸防护用品做定期检查和维护。

（3）正压式呼吸防护用品使用后应立即更换用完的或部分使用的气瓶或呼吸气体发生器，并更换其他过滤部件。更换气瓶时不允许将空气瓶和氧气瓶互换。

（4）应按国家有关规定，在具有相应压力容器检测资格的机构定期检测空气瓶或氧气瓶。

（5）应使用专用润滑剂润滑高压空气或氧气设备。

（6）不允许使用者自行重新装填过滤式呼吸防护用品滤毒罐或滤毒盒内的吸附过滤材料，也不允许采取任何方法自行延长已经失效的过滤元件的使用寿命。

181. 呼吸防护用品如何进行清洗与消毒？

（1）个人专用的呼吸防护用品应定期清洗和消毒，非个人专用的每次使用后都应清洗和消毒。

（2）不允许清洗过滤元件。对可更换过滤元件的过滤式呼吸防护用品，清洗前应将过滤元件取下。

（3）清洗面罩时，应按使用说明书要求拆卸有关部件，使用软毛刷在温水中清洗，或在温水中加入适量中性洗涤剂清洗，清水冲洗干净后在清洁场所避日风干。

（4）若需使用广谱消毒剂消毒，在选用消毒剂时，特别是需要预防特殊病菌传播的情形，应先咨询呼吸防护用品生产者和工业卫生专家。应特别注意消毒剂生产者的使用说明，如稀释比例、温度、消毒时间等。

182. 呼吸防护用品如何储存？

（1）呼吸防护用品应保存在清洁、干燥、无油污、无阳光直射和无腐蚀性气体的地方。

（2）若呼吸防护用品不经常使用，建议将呼吸防护用品放入密封袋内储存。储存时应避免面罩变形。

（3）防毒过滤元件不应敞口储存。

（4）所有紧急情况和救援使用的呼吸防护用品应保持待用状态，

并置于适宜储存、便于管理、取用方便的地方，不得随意变更存放地点。

183. 用人单位应当如何建立呼吸保护计划?

（1）为确保《呼吸防护用品的选择、使用与维护》（GB/T 18664—2002）的各项要求得以准确实施，用人单位应建立并实施规范的呼吸保护计划，将呼吸防护用品的选购、使用和维护作为用人单位管理的一个重要组成部分，并书面记录计划实施情况。

（2）用人单位内应由一名主管人员负责呼吸保护计划，该主管人员应接受过适当培训，具有管理和有效执行该计划的相应知识和职责。

（3）当作业条件的变化有可能影响呼吸防护用品的使用时，应及时调整呼吸保护计划。

（4）应定期对呼吸保护计划执行情况进行检查，根据检查情况对呼吸保护计划做相应调整。

184. 用人单位呼吸保护计划内容应当有哪些?

（1）用人单位呼吸保护计划责任人姓名和职责，执行计划相关部门的职责。

（2）依据相关标准选择使用呼吸防护用品的程序。

（3）依据相关标准选择具体类型呼吸防护用品的方法。

（4）对呼吸防护用品使用人员身体状况的医学评价，包括使用呼吸防护用品的能力、适合性、使用前后的健康监护。

（5）常规作业和在能够预见的紧急情况下发放与正确使用呼吸防护用品的方法和程序。

(6) 检查、更换过滤元件的程序和方法，维修、清洗、消毒、储存和废弃呼吸防护用品的程序和方法。

(7) 呼吸防护用品使用人员的定期培训计划和培训内容，培训内容应符合规定的要求。

(8) 定期评价呼吸保护计划执行情况、效果和改进的程序。

185. 用人单位呼吸保护培训内容应当有哪些?

(1) 有害环境的性质与危害程度，作业场所存在的空气污染物种类、性质及其对人体的危害。

(2) 在作业场所采取的工程措施及其效果。

(3) 作业人员呼吸保护的必要性。

(4) 关于使用呼吸防护用品的法律和法规。

(5) 选择特定功能或特定种类呼吸防护用品的原因。

(6) 所选呼吸防护用品的功能、佩戴使用方法及其局限性。

(7) 密合型面罩佩戴气密性的重要性和检查方法。

(8) 呼吸防护用品或过滤元件更换时机的判定和更换方法。

(9) 呼吸防护用品的检查、维护和储存方法。

(10) 出现紧急情况时的处理方法及逃生型呼吸防护用品的使用。